高等院校基础课系列教材·实验类

GAODENG YUANXIAO JICHUKE XILIE JIAOCAI · SHIYAN LEI

无机化学实验

主 编 汤 琪 向 旭

重庆大学出版社

图书在版编目(CIP)数据

无机化学实验/汤琪,向旭主编. --重庆:重庆大学出版社, 2020.10

ISBN 978-7-5689-2464-1

Ⅰ.①无… Ⅱ.①汤…②向… Ⅲ.①无机化学—化学实验—高等学校—教材 Ⅳ.①061-33

中国版本图书馆 CIP 数据核字(2020)第 193151 号

无机化学实验

WUJI HUAXUE SHIYAN

主 编 汤 琪 向 旭

策划编辑:鲁 黎

责任编辑:张红梅 版式设计:鲁 黎

责任校对:谢 芳 责任印制:张 策

*

重庆大学出版社出版发行

出版人:饶帮华

社址:重庆市沙坪坝区大学城西路 21 号

邮编:401331

电话:(023) 88617190 88617185(中小学)

传真:(023) 88617186 88617166

网址:http://www.cqup.com.cn

邮箱:fxk@cqup.com.cn (营销中心)

全国新华书店经销

重庆华林天美印务有限公司印刷

*

开本:787mm×1092mm 1/16 印张:10.5 字数:272 千

2020 年 10 月第 1 版 2020 年 10 月第 1 次印刷

ISBN 978-7-5689-2464-1 定价:35.00 元

前言

“无机化学实验”是高等院校化学化工及相关专业重要的基础课程，是本科化学实验教学的首门课程，也是大学化学实验教学的启蒙。其教学效果对帮助学生掌握基本实验知识与技能，养成良好的实验习惯，形成科学严谨的实验态度有着至关重要的作用。

基于大学一年级新生的学习基础和学习方法，本书在编写过程中注重循序渐进，从安全与环保常识、实验室基本知识、实验基本操作开始，对学生进行全面的基础实验知识及技能教育；然后通过无机化学基本反应原理、元素及化合物性质、无机化合物的提纯与制备相关实验，对学生进行重点技能及操作训练；最后通过综合型、设计型及创新型实验，提高学生综合运用无机化学知识进行实验的能力。

本书由重庆交通大学汤琪、向旭担任主编，其中，汤琪编写绪论、第 1 章、第 2 章和第 4 章，向旭编写第 3 章和附录。本书在编写过程中参考了兄弟院校的实验教学改革成果，在此表示衷心感谢！

由于编者水平有限，书中难免出现疏漏及欠妥之处，敬请读者批评指正！

编　者

2020 年 2 月

目录

绪 论

0.1 无机化学实验课的地位与作用

众所周知,化学是一门以实验为基础的自然科学。化学学科的诞生、发展都是以化学实验为基础和前提的,化学学科的理论、假说也都需要通过化学实验来验证真伪。无机化学作为化学的一个分支,从学科形成到不断发展完全依赖于化学实验。新元素的发现需要严格、精细的分离和鉴定实验;新化学物品的合成需要通过化学实验来实现;新的合成工艺路线需要通过实验验证;新的实验技术、实验设备的开发更是需要通过实验进行试制、改进和完善。正如著名化学家傅鹰先生所言:"化学是实验的科学,只有实验才是最高法庭。"无机化学实验课是一门工科高等学校化工、冶金、材料、轻纺、环境、地质等专业对学生进行科学实验训练的必修课,通常也是这些专业开设的第一门化学实验课,不仅能使学生加深对无机化学知识的理解,更重要的是它在培养学生的动手能力、观察能力、逻辑思维能力,以及实事求是的科学态度等方面具有不可替代的作用。它是学生进入大学后接受系统实验方法和实验技能训练的开端,而无机化学实验知识和能力则是这类高级工程技术人才的整体知识结构和能力结构的重要组成部分。

0.2 无机化学实验课的目的和任务

如前所述,无机化学实验课在培养学生科学素养和综合能力方面具有重要的作用。通过对学生进行系统的实验训练,可达到下列目的:

①培养动手能力:使学生熟悉各种常见化学仪器的使用方法,并掌握相关基本操作。

②培养观察和记录能力:使学生能敏锐地观察实验现象,准确地记录实验结果和实验数据。

③培养科学的思维方法和实验结果处理能力:使学生能根据实验结果进行科学分析、归纳总结、演绎推断或经过科学计算等方法得出正确的实验结论、推论,并撰写出符合要求的实验

报告。

④培养设计实验的能力:设计实验的能力包括对实验方法、实验仪器、实验设备,以及实验条件的选择与设计等,并以此作为对学生进行科学研究能力的初步训练。

⑤培养查阅资料、手册和获取有效信息的能力。

⑥培养实事求是的科学态度、严肃认真的良好学风和勇于探索的创新精神。

⑦培养卫生、安全、环保意识和良好的实验室学习习惯:使学生认识到化学实验乃至化工生产中安全和环保的重要性,把卫生、安全和环保措施落实到实验课中。

无机化学实验课的任务就是通过不同内容、不同类型的无机化学实验,培养和提高学生的综合素质。

0.3　无机化学实验课的教学内容与实验类型

无机化学实验课的教学内容主要包括两个方面。第一个方面是与无机化学理论有关的教学内容:通过实验验证并进一步理解无机化学课程中的化学基本原理、基本规律和基础知识,例如化学反应速率、化学平衡及元素和化合物性质等内容。第二个方面是与无机化学实验基本操作有关的教学内容:通过实验,达到使学生掌握常见化学仪器的使用和基本操作技巧的目的。例如,溶液的配制和浓度标定,化学品的制备、鉴定、纯化,以及加热、分离等内容。

无机化学实验有测定实验、制备实验、验证实验、综合实验和设计性实验等。测定实验是指利用仪器、仪表等对物质或反应进行定量或半定量测定的实验。测定实验有直接测定法和间接测定法之分。制备实验是指由原料经过一定的加工和反应过程得到符合要求的产品的实验。制备实验通常包括一系列比较复杂的操作,例如,配料、反应、分离,以及加热、冷却等过程。验证实验是指利用可观察的实验现象,例如,颜色的变化、沉淀的生成或溶解、气体的产生、仪器测量的数据等来验证物质的性质或反应规律、化学理论的真实性和正确性。综合实验是指实验内容较复杂,涉及操作过程较多的实验。这类实验可以锻炼学生综合运用多种知识、多种操作技巧的能力。设计性实验是指按照一定的实验目标,让学生自主设计实验方案并完成的一类实验。这类实验要求学生根据自己已有的化学知识和实验知识,运用科学思维设计出实验方案,包括实验方法、操作过程、化学试剂及仪器设备的选用等。这是对学生科研能力的初步培养。

应当指出,把实验分成测定实验、制备实验、验证实验等是根据实验目的和实验中的主要操作进行的。事实上,每一种实验可能包括多种操作,例如制备实验、验证实验可能包括测定步骤,测定实验也可能包括物质形态的转化、分离与富集等操作。

0.4　无机化学实验课的教学方法和教学要求

实验课的教学方法与理论课不同。实验课通常以学生为中心,在教学过程中学生起核心作用,而教师起引导和指导的作用。因此,实验课对学生有很高的要求,具体要求如下:

①实验之前学生要做好预习,认真阅读实验教材和预备知识,熟悉本次实验的实验目的、

实验原理、实验内容、操作过程以及相关实验仪器的使用方法。对于设计性实验，要按照要求设计好实验方案。实验方案应包括实验内容，操作步骤以及实验试剂、仪器和实验条件的选择等，为上好实验课做准备。

②上课时，首先要认真听讲，明确指导教师提出的要求和注意事项，之后认真独立地进行实验。按照实验教材或自己设计的实验方案认真操作，仔细观察实验现象，如实记录实验结果，积极思考，判断实验结果是否正常。如果发现异常情况，要认真分析原因，找出问题所在，重新进行实验，必要时可请教指导教师，直到得到真实、准确的实验结果。对于实验仪器，要按照正确的方法谨慎、细心地操作，防止因为操作不当而产生异常结果或损坏仪器。如果发现故障要及时请指导教师处理。实验中如果涉及易燃、易爆、有毒或腐蚀性物质，一定要严格按照操作要求仔细操作，防止发生事故。对于设计性实验，如果实验中发现原设计方案有问题，要及时调整方案，再进行实验，直到达到预期的目的。

实验完毕，要将仪器仪表恢复到初始状态，将废液、废渣倒入指定的回收桶，将药品和器皿摆放整齐，将实验台面收拾干净整洁。

实验测得的数据、结果要经指导教师检查并签字。

③课后要及时总结实验结果，认真撰写实验报告。要求实验结果真实、准确，实验数据处理得当，实验分析、总结符合逻辑，实验结论明确。禁止随意涂改实验结果，更不能相互抄袭。

第 1 章 无机化学实验基础知识与基本操作

1.1 安全与环保常识

在化学实验过程中会接触一些有危险的仪器设备和易燃、易爆、有毒、有腐蚀性的药品，操作或使用不当，就可能发生安全事故，其中危害较大的有火灾、爆炸、中毒、化学烧伤等。为了防止事故发生以及避免因药品使用不当而造成的环境污染，实验者应具备一定的安全和环保常识。

1.1.1 化学危险品种类

无机化学实验中接触的化学危险品，可按照其危险特性分为7类，包括爆炸品、易燃液体、易燃固体和遇湿易燃或自燃物品、氧化剂、毒害品、腐蚀物、压缩气体和液化气等。

(1)爆炸品

这类物品具有猛烈的爆炸性。当受到高温、摩擦、撞击、震动等外来因素的作用时，就会发生强烈的化学反应，瞬间产生大量的气体和热量而引起爆炸。这类物质主要有雷酸银、氯酸钾、乙炔银、硝酸铵、叠氮酸盐、重氮化合物、硝基化合物和硝酸酯等。

(2)易燃液体

这类物质在常温常压下呈液态，但极易挥发成气体，遇明火即燃烧，其闭口闪点等于或低于61 ℃。

当可燃物质加热到一定温度时，其中最先产生的气体或蒸气与空气混合，一接触明火就产生瞬间燃烧。由于瞬间燃烧所放出的热量不能使可燃物分解蒸发，因而燃烧过程很快停止。这种初燃现象称为闪燃或闪火。发生闪燃所需最低温度称为闪点，又称引火点。可燃液体以闪点作为评定其火灾危险性的主要依据，闪点越低，危险性越大。根据危险性程度将易燃液体分为以下三类：

1)低闪点液体

低闪点液体指闪点低于 -18 ℃的液体，如乙醚(-45 ℃)、乙硼烷(-90 ℃)和二硫化碳(-30 ℃)等。

2)中闪点液体

中闪点液体指闪点为-18～23 ℃的液体，如甲醇(11 ℃)、乙醇(13 ℃)和苯(-11 ℃)等。

3)高闪点液体

高闪点液体指闪点为23～61 ℃(含61 ℃)的液体，如乙酸(43 ℃)、松节油(35 ℃)和肼(38 ℃)等。

(3)易燃固体和遇湿易燃或自燃物品

1)易燃固体

此类物品着火点低，受热、遇火星、受撞击、摩擦或与氧化剂作用即能引起急剧的燃烧或爆炸，同时放出大量的有害气体，如赤磷、硫黄、萘和硝化纤维等。

2)遇湿易燃或自燃物品

此类物质遇水或在潮湿空气中能迅速分解，产生高热，并放出易燃易爆气体，从而引起燃烧或爆炸，如钾、钠、电石、黄磷和锌粉等。

(4)氧化剂

氧化剂具有强烈的氧化性，易分解并放出氧气和热量。有些氧化剂遇酸、碱、强热、受潮或与易燃物、有机物、还原剂等物质混合可能发生分解，引起燃烧或爆炸。有些氧化剂与松软的粉末状可燃物混合后能组成爆炸物。一般来说，氧化剂对热、震动或摩擦敏感。常见的氧化剂有碱金属和碱土金属的氯酸盐、硝酸盐，无机过氧化物，高氯酸及其盐，高锰酸盐和重铬酸盐等。

(5)毒害品

少量进入人体或接触皮肤即能造成中毒甚至死亡的物品称为毒害品，简称为毒品。毒品分为剧毒品和有毒品。凡生物试验半数致死量(LD_{50})在50 mg/kg体重以下者称为剧毒品。常见的剧毒品有氰化物、三氧化二砷(砒霜)和氧化汞等。有毒品有氟化钠、氧化铅、红矾钾、红矾钠、赤血盐、四氯化碳和三氯甲烷等。

(6)腐蚀物

这类物品具有强腐蚀性，与其他物质如木材、铁等接触使其遭受腐蚀而引起破坏，与人体接触则引起化学烧伤。常见的腐蚀物有溴、氢氟酸、硫酸、盐酸、冰醋酸、磷酸、氢氧化钾、氢氧化钠、氨水、过氧化氢、硫化钾、红矾钾和高锰酸钾等。

(7)压缩气体和液化气

1)分类

此类物质主要指压缩气体以及液化气。气体经过压缩后贮存于耐压钢瓶内，便具有危险性。若钢瓶在太阳下暴晒或受热，则当瓶内压力升高并超过容器耐压限度时，即引起爆炸。钢瓶内气体按性质分为易燃气体、不燃气体和有毒气体三类：

①易燃气体，如乙炔、氢气和液化天然气等。

②不燃气体，如氮、氩等。

③有毒气体，如液氯、液氨等。

2)气体钢瓶的使用及注意事项

气体钢瓶是贮存气体或液化气的高压容器，一般最高压力为15 MPa。使用时为了降低压力并保持压力稳定，必须装减压阀。减压阀不可混用，其使用及注意事项如下：

①在气体钢瓶使用前要按照钢瓶外表面油漆颜色、字样等正确识别气体种类,切勿误用以免造成事故。根据我国有关部门规定,实验室常用气体钢瓶颜色与标记见表1.1。

表1.1 气体钢瓶颜色与标记

充装气体	气体钢瓶颜色	字样(颜色)
O_2	天蓝	氧(黑)
H_2	深绿	氢(红)
N_2	黑	氮(黄)
Ar	灰	氩(绿)
压缩空气	黑	压缩空气(白)
液化石油气	灰	石油气(红)
C_2H_2	白	乙炔(红)
Cl_2	草绿	氯(白)
NH_3	黄	氨(蓝或黑)
CO_2	黑	二氧化碳(黄)

②气体钢瓶在运输、贮存和使用时,注意勿使钢瓶与其他坚硬物体碰撞,或在烈日下暴晒及靠近热源,以免引起爆炸。钢瓶应定期进行安全检查,如进行水压实验、气密性实验和壁厚测定等。

③由于油脂遇氧可能燃烧,故严禁油污等有机物沾污氧气钢瓶,若有油污,应立即用四氯化碳洗净。H_2、O_2或可燃气体钢瓶严禁靠近明火,距离一般大于10 m;H_2最好放在远离实验室的单独小屋内;采暖期间,气瓶与暖气片距离不小于1 m。

④存放气体钢瓶的房间应注意通风。室内的照明灯及电气通风装置均应防爆。

⑤若两种气体接触后可能引起爆炸或燃烧,则这两种气瓶不能存放在一起。气体钢瓶存放或使用时要固定好,一定要直立放置,最好在钢瓶外装橡胶防震圈。

⑥原则上有毒气体钢瓶应单独存放,严防逸出,注意室内通风。最好在存放有毒气体钢瓶的室内设置毒气检查装置。

⑦使用钢瓶时,应缓缓打开钢瓶阀门,不能猛开阀门,也不能将瓶内气体全部用完,一定要保持0.05 MPa以上的残余压力。一般易燃气体钢瓶残余压力在0.2~0.3 MPa,氢气则应保留更高的残余压力。

1.1.2 安全事故的预防与处理

在进行化学实验时,如果不严格按照一定的规则操作,则容易造成爆炸、烧伤、火灾、中毒和触电等伤害事故。因此了解实验室安全事故发生的原因,是防止事故发生、确保实验正常进行与人身安全的重要保证。

(1)爆炸及其预防

1)爆炸的种类

实验室中主要有以下几种情况可能引起爆炸:

①可燃气体与空气(助燃物)混合着火而引起的爆炸。可燃气体及粉尘与空气混合,会形成爆炸性混合气体,当其浓度达到爆炸界限时,遇火或冲击波的影响均可引起爆炸。如空气与氢气、丙烷、乙醚、乙炔等形成的混合气的爆炸。

②爆炸性物质因加热或撞击引起的爆炸。如用玻璃棒搅动或研碎长期静置或加热银-氨配合物溶液所析出的沉淀物(雷酸银)时发生的爆炸;搬运乙炔钢瓶时不慎跌落引起的爆炸;拔出装有浓度为30%过氧化氢试剂瓶的塞子时,因用力过猛,引发的爆炸。

③危险性混合物引起的爆炸。强氧化剂与易燃气体、易燃物接触,会引起燃烧或爆炸,如氧气瓶中的氧气与油脂接触而引起的爆炸;氯酸盐与硝酸铵的混合物受撞击后因复分解作用产生高热引起的爆炸。

④玻璃器皿内部压力增大引起的爆炸。除因发生燃烧、爆炸事故使玻璃器皿炸裂外,在封闭系统内加热某一物质,由于加热会发生快速蒸发,导致器皿内压力增大而炸裂;在密闭玻璃器皿中进行化学反应分解出大量气体,导致器皿内压力增高而炸裂。如把浓氨水、浓硝酸、浓盐酸等能离析出气体的化学品保存于密闭的薄壁瓶内,由于偶然温度升高,瓶内压力增大而引起的薄壁瓶爆炸;在气体实验中,由于压力、温度的突然改变而引起的爆炸等。

2)预防爆炸的措施

防爆炸措施主要有以下几种:

①弄清操作中所用化学品的性质及可能发生爆炸的条件(如温度、压力、撞击、摩擦、日光和杂质等的影响),制订出相应的安全操作方案。

②尽量减少有爆炸危险的物品的用量,量大时,要分次进行实验。

③不能用带有磨口塞的瓶子盛放易爆物品,因为开启瓶塞时摩擦可能引起爆炸。此时应用软木塞或橡胶塞,并注意清洁。

④避免混合后可能发生爆炸的物品相互混合。

⑤易挥发液体用厚壁器皿保存,并要远离热源,防止日光直接照射。

⑥操作可燃性气体时应在通风橱中进行,以防形成爆炸性混合气体。

(2)烧伤及其预防

1)常见烧伤分类

机体因热源或化学物质作用引起局部组织损伤,并进一步导致病理和生理改变的过程称为烧伤(有时也叫灼伤)。烧伤按发生的原因可分为化学烧伤、热力烧伤和复合性烧伤,在实验室中化学烧伤较多见。

①化学烧伤。它是由于化学物质直接接触皮肤造成的损伤。导致化学烧伤的物质,固体有氢氧化钠、氢氧化钾和硫酸酐等;液体有硫酸、硝酸、高氯酸和过氧化氢等;气体有氟化氢等。

②热力烧伤。它是由接触火焰、炽热物体造成的损伤。在实验室还会发生液化气体、干冰等接触皮肤后迅速蒸发或升华而大量吸收热量引起皮肤冻伤的情况。

③复合性烧伤。它是由化学烧伤和热力烧伤同时造成的伤害,或化学烧伤兼有烧伤后的中毒。如磷溅落到皮肤上,磷燃烧生成 P_2O_5 会造成热力烧伤和化学烧伤,当磷通过烧伤部位浸入血液,则又会引起全身磷中毒。

2)预防化学烧伤的措施与烧伤处理

为了预防化学烧伤,应严格遵守安全操作规定,防止误操作发生,如搬运酸坛(瓶)时要两个人抬,不要单人背、抱;操作危险物品时,必须穿戴防护用具,如眼镜、手套、工作帽和工作服等。

化学烧伤时,应迅速解脱衣服,尽快用大量清水冲洗,以清除皮肤上的化学药品,严重的要立即送医院治疗。

若是眼睛受到化学烧伤,最好的办法是立即用洗瓶的水流冲洗,洗涤时要避免水流直射眼球,也不要揉擦眼睛。洗后视情况决定是否送医院救治。

(3)中毒及其预防

1)化学中毒有以下3条途径:

①呼吸道吸入有毒的气体、粉尘、烟雾而中毒;

②消化道误服有毒物品而中毒;

③皮肤接触有毒物品而中毒。

在实验室中发生急性中毒,原则上应尽快送医院或请医生来诊治,并报告领导和有关部门。在送医院之前应迅速查明中毒原因,并有针对性地采取以下急救措施:

①呼吸系统中毒,应将中毒者迅速撤离现场,并转移到通风良好的地方,让中毒者呼吸新鲜的空气。中毒较轻者可较快恢复正常;若已休克或昏迷,应让中毒者吸入氧气,进行人工呼吸,并迅速送往医院。

②消化道中毒应立即洗胃,常用的洗胃液有食盐水、肥皂水和3% ~5%的碳酸氢钠溶液,边洗边催吐,洗到基本没有毒物后再服用生鸡蛋清、牛奶或面汤等解毒剂。

③皮肤、眼、鼻或咽喉受毒物侵害时,应立即用大量的清水冲洗(浓硫酸先用干布擦干),具体处理方法和化学灼伤处理方法相同。表1.2是常见化学试剂引起中毒的应急处理方法。

表1.2　常见化学试剂引起中毒的应急处理方法

化学试剂	应急处理方法
强酸	误食后,应立即服用氧化镁悬浮液、牛奶等,迅速将毒物稀释,然后再吃十几个生鸡蛋作为缓和剂。不得使用碳酸钠或碳酸氢钠
强碱	误食后,应立即服用稀的食用醋(1份食用醋加4份水)或鲜橘子汁
汞、甲醛、酚类	误食后,应立即服用大量牛奶,再用洗胃或催吐等方法进行处理
氰化物	吸入后,应将患者迅速转移到室外空气新鲜的地方,使其仰卧。然后将沾有氰化物的衣服脱去,立即进行人工呼吸
氯气、硫化氢	吸入后,立即将患者转移到室外空气新鲜的地方。若眼睛受刺激,可用2%的苏打水冲洗

2)预防中毒的措施及中毒急救

预防中毒的方法很多,要视具体情况而定,但是原则上讲以下措施应予以重视。

①了解有毒药品性质。使用有毒药品前要了解其有关性质,在使用时要做到心中有数。例如使用氰化钠溶液时,应注意到它是强碱弱酸盐,在酸性溶液中会生成剧毒气体HCN,因此其溶液的配制和使用都必须在碱性条件下进行。

②用无毒或低毒药品代替有毒或剧毒药品。在实验允许的情况下,用无毒或低毒药品代

替有毒或剧毒药品，是从根本上消除毒品危险的有效措施。例如用酒精代替苯做溶剂可以消除苯的毒害。

③严格遵守有毒药品的管理制度和操作规程。有毒药品的管理制度和操作规程是通过大量的经验教训总结出来的，一定要严格遵守。事实上，大多数中毒事故都是使用者违反操作规范或使用不当造成的。

④通风排毒。通风不仅是防毒的重要措施，而且是防爆、防火的主要措施。实验室的通风系统一般分为柜式通风、罩式通风和全室通风三类，在使用前必须先检查其有效性。

⑤个人防护。个人防护主要是指呼吸道和皮肤的防护等。口罩只能挡住颗粒较大的粉尘，对毒气不起防护作用，佩戴过滤式防毒口罩或面具可防止毒气中毒。保护皮肤的主要措施是戴塑胶手套和穿围裙，实验结束后用肥皂或洗涤剂洗手，当手上有伤口时，严禁接触有毒物品。

(4)火灾及灭火方法

当实验中不慎起火时，一定不要惊慌失措，应根据不同的着火情况，采取不同的灭火措施。由于物质燃烧需要空气和一定的温度，所以灭火的原则是将燃烧物质与空气隔绝或降温。

常用的灭火措施如下：

①一般小火用湿布、石棉布覆盖燃烧物即可灭火，大的火势可用泡沫灭火器。对活泼金属Li、Na、K、Mg、Al及单质白磷等引起的着火，宜用干燥的细沙覆盖，不宜用水、泡沫灭火器及CCl_4灭火器等灭火。有机试剂着火，切勿用水灭火，而应用沙子、二氧化碳灭火器或干粉灭火器等灭火。

②在加热过程中着火，应立即停止加热，关闭煤气总阀，切断电源，停止通风，尽快把一切易燃易爆物移至远处。

③电源设备着火，先切断电源，再使用四氯化碳灭火器灭火，也可用干粉灭火器或1211灭火器灭火，不能使用泡沫灭火器，以防触电。

④当衣服着火时，应尽快脱下衣服，用湿布或石棉布覆盖于着火处，或就地卧倒打滚以扑灭火，绝不能慌张乱跑。伤势较严重者，应立即送医院医治。

⑤必要时报火警(119)。

⑥经常检查煤气开关、煤气灯、橡胶管以及电路系统等的完好情况。化学实验室常用的灭火器种类及其适用范围见表1.3。

表1.3　化学实验室常用的灭火器种类及其适用范围

灭火器种类	内装药品成分	适用范围
酸碱式灭火器	H_2SO_4和$NaHCO_3$	非油类和电器失火的一般初起火灾
泡沫灭火器	$Al_2(SO_4)_3$和$NaHCO_3$	适用于油类起火
二氧化碳灭火器	固态CO_2	适用于扑灭电器设备、小范围油类及忌水化学试剂的失火
四氯化碳灭火器	液态CCl_4	适用于扑灭电器设备、小范围的汽油、丙醇等的失火；不能用于扑灭K、Na的失火，因CCl_4会强烈分解，甚至爆炸；也不能用于扑灭电石、CS_2的失火，因为会产生光气一类的毒气

续表

灭火器种类	内装药品成分	适用范围
干粉灭火器	主要成分是 $NaHCO_3$ 等盐类物质与适量的润滑剂和防潮剂	扑灭油类、可燃性气体、电器设备、精密仪器、图书文件和遇水易燃烧物品的初起火灾

(5)触电及其预防

化学实验常用到各种电器,掌握安全用电是十分必要的。

人体接触的电压高过一定值(36 V)就会引起触电,特别是手脚潮湿更容易触电。发生触电时,应迅速切断电源,将伤者上衣解开进行人工呼吸,切忌注射兴奋剂。当恢复呼吸后要立即送往医院治疗。为防止触电,在实验室中应注意以下几点:

①一切电器设备应有足够的绝缘措施,其金属外壳应接地线。绝不允许用潮湿的手进行操作。

②不许带电修理或安装设备,更不许用电笔测试高压电。

③在安装仪器或连接线路时,电源线应最后接上。在实验结束拆除线路时,电源线应首先断路。

④防止设备超负荷工作或局部短路,应使用合格的保险丝。

⑤修理或安装电器时,应先切断电源。

⑥如果发生触电事故,应立即切断电源,必要时进行人工呼吸。另外,大量溢水也是实验室常发生的事故,所以应保持下水道通畅,废纸、玻璃等应放入废物桶中。冷凝管的冷却水不宜开得过大,以免水压高时,橡胶管脱落引起事故。

(6)意外事故的紧急处理

1)割伤

伤口内若有异物,应先取出,然后涂上红药水或贴上创可贴。若伤口较脏可用3% H_2O_2溶液擦洗或用碘酒涂擦伤口四周。注意,一定不要同时使用红药水和碘酒。必要时敷些消炎粉(膏),并进行包扎。

2)烫伤和烧伤

不要用冷水洗涤伤处。伤处皮肤未破时可涂擦饱和 $NaHCO_3$溶液或用 $NaHCO_3$粉调成糊状敷于伤处,也可抹烫伤膏;若伤处皮肤已破,可涂抹紫药水或10% $KMnO_4$溶液。

3)酸(或碱)伤

如果皮肤沾上浓硫酸,切忌直接用水冲洗,应先用棉布吸取浓硫酸,再用水冲洗,接着用3% ~5%的 $NaHCO_3$溶液中和,最后用水清洗。必要时涂上甘油,若有水泡,应涂上龙胆紫。如果受其他酸腐蚀致伤,先用大量水冲洗,再用饱和 $NaHCO_3$溶液(或稀氨水、肥皂水)洗,最后用水冲洗。若酸溅入眼中,应立即用大量水冲洗,再用2% ~3%硼砂溶液冲洗,然后再用水冲洗。如果受碱腐蚀致伤,先用大量水冲洗,再用2%醋酸溶液(或饱和硼酸)冲洗,最后再用水冲洗。若碱溅入眼中,应立即用3%硼砂溶液冲洗,然后用大量水冲洗。必要时,马上去医院就诊。

1.1.3　实验废物的转移与处置

化学实验会产生各种有毒的废气、废液和废渣，若处理不当，不仅会污染环境，造成公害，而且其中贵重和有用的成分没能回收，在经济上也是损失。因此，必须对相应的废气、废液和废渣进行适当的处理。

(1)实验废物的转移

实验废物须先收集，其收集的一般办法有：

①分类收集。按废物类别、性质和状态的不同，分门别类收集。

②按量收集。根据实验过程中废物的量的多少或浓度的高低予以收集。

③相似归类。性质或处理方式、方法等相似的废物应收集在一起。

④单独收集。危险废物应单独收集。

分类收集的有毒有害的废物、试剂及试样，不能随意处置，应按《危险废物转移联单管理办法》的规定，定期提交给有处理危险废物资质的单位处理。

(2)废液处置的原则

①实验室应配备储存废液的容器，实验产生的对环境有污染的废液应分类倒入指定容器。

②废弃化学试剂禁止倒入下水道中，必须集中到焚化炉焚烧或用化学方法处理成无害物。

③有机物废液能回收再利用的，必须通过蒸馏、重结晶等方法回收。不能回收的，应集中收集。

④受铅、镉、汞等重金属类，氰化物、砷化物等非金属类和苯系物、苯并芘等有机物类剧毒物质严重污染的液态试样作废后要及时进行固定处理、分类收集。

⑤碎玻璃，盛装有毒、有腐蚀性试剂的试剂瓶和其他有棱角的锐利废料，不能丢进废纸篓内，要收集于特殊废品箱内处理。

(3)常见无机物废液的处理方法

1)废酸和废碱溶液

可先用耐酸、耐碱塑料网纱或玻璃纤维过滤，滤液经过中和处理，使 pH 值在 6 ~ 8 时，用大量水稀释后方可排放，少量废滤渣可埋于地下。

2)含镉废液

加入消石灰等碱性试剂，使所含金属离子形成氢氧化物沉淀而除去，或加入 FeS 使 Cd^{2+} 转化为 CdS 沉淀除去。

3)含铬废液

Cr(Ⅵ)有毒且能致癌。含 Cr(Ⅵ)废液的处理方法大致分为两类：其一为化学还原法，即先向废水中加入铁粉(或 $FeSO_4$、Na_2SO_3)等还原性试剂，使其还原为 Cr(Ⅲ)后，用 NaOH(或 $NaHCO_3$)等碱性试剂调节 pH 值为 6 ~ 8，通入空气并加热，使 Cr(Ⅲ)生成 $Cr(OH)_3$ 沉淀除去；其二为离子交换法，此法适用于含 Cr(Ⅵ)浓度较大的废水处理，使废水通过强酸型阳离子交换柱和强碱型阴离子交换柱，前者除去阳离子，后者除去 $HCrO_4^-$ 等阴离子。

4)含氰化物废液

氰化物是剧毒物质，含氰废液必须认真处理。常用的处理方法有两种：其一是氯碱法，即将废液用 NaOH 溶液调节至 pH 值为 10 以上，通入氯气或加入次氯酸钠，使氰化物分解成 CO_2 和 N_2 而除去；其二是电解法，即以石墨作阳极、不锈钢作阴极，通上低于 10 V 的直流电，使氰根(CN^-)在阳极以 CO_2和 N_2逸出,含氰废液中的重金属离子也会在阴极沉积,这种处理方法成本较高。

5)含汞及其化合物废液

一般使用离子交换法,但此法不适用于含少量汞的废液,含少量汞的废液一般使用硫化法,即先调节 pH 值至 8 ~ 10,再加入适量 Na_2S(或 FeS),使其生成难溶的 HgS 而除去。

6)含铅盐及重金属的废液

一般是在废液中加入 Na_2S(或 NaOH)使铅盐及重金属离子生成难溶的硫化物(或氢氧化物)沉淀除去。

7)含砷废液

其一,在废液中加入 $FeSO_4$,然后再用 NaOH 溶液调节 pH 值至 9 左右,此时生成的 $Fe(OH)_3$比表面积较大,砷化合物会被吸附在其表面而共沉淀出来,并经过滤除去;其二,加入 H_2S 或 Na_2S,使其生成硫化物沉淀而除去。

1.1.4 实验室安全规则

(1)一般规则

①在进行任何有可能刺激或烧伤眼睛的实验时,必须戴防护眼镜。

②实验室内禁止吸烟或吃东西,不准用实验器皿作茶杯或餐具,不得用嘴尝味鉴别未知物。

③实验过程中突然停电、停水或停气时,应立即关闭相应的开关,以防恢复供应时发生事故。离开实验室时应检查门、窗、水、电和煤气等是否处于安全状态。

④开启易挥发试剂(如浓盐酸、浓硝酸、浓氨水、乙醚等)瓶时(尤其在夏天或温度较高的情况下),应先经流水冷却,再盖上湿布打开,且不可将瓶口对着自己或他人,以防气液冲出,引发事故。

⑤取下正加热近沸的水或溶液时应先用夹具将其轻轻摇动或用搅棒搅动后再取下,以防止因爆沸而飞溅伤人。

⑥用后的滤纸、火柴梗以及反应后的废物等应倒入废物缸内,严禁倒入水槽,以防水槽堵塞或金属管道被腐蚀。以下废液不能互相混合:过氧化物与有机物;氰化物、硫化物、次氯酸盐与酸等。

⑦高温物体(如刚从高温炉中取出的坩埚等)要放在耐火石棉板上,附近不得放易燃物。

⑧每次实验后用肥皂洗手。

(2)危险品的安全使用

①折断玻璃管(棒)或在橡胶塞上装拆玻璃管时,必须包以毛巾,并施力于需折断处或靠近橡胶塞处。

②能产生有害气体、烟雾或粉尘的实验,必须在通风橱内进行。

③按最低量领用剧毒物品并进行登记。使用剧毒物品时要两人以上在场。

④搬运大瓶酸、碱和其他腐蚀性液体时,注意检查容器有无裂纹。

⑤浓硫酸与水混合时,必须边搅拌边将硫酸缓慢注入存有冷水的耐热玻璃器皿中,不得将水倒入浓硫酸中。凡稀释能放出大量热的酸、碱时均应按此规定操作。氢氟酸烧伤较其他酸造成的烧伤更严重,使用氢氟酸时需特别小心,应戴橡胶手套。

⑥使用易燃药品时附近不得有明火、电炉及电源开关,更不能用明火或电炉直接加热。

⑦使用煤气灯时应先点火,再开煤气(俗称“火等气”),最后调节风门。关闭时应先切断空气,再关煤气。无人值守时,严禁使用煤气灯。

⑧检查煤气管是否漏气时,应使用肥皂水,切不可用火试验。室内有较浓煤气味时,应及时打开门窗,在排尽煤气前不得点明火或直接接通电源,以防煤气着火或爆炸。

⑨氧气是强烈的助燃气体,氧气瓶一定要严防与油脂接触,开启氧气瓶的扳手不得沾有油脂。

⑩搬运压缩气瓶时应先装上安全帽,不可使气瓶受到震动和撞击。气瓶竖立放置时必须固定拴牢。气瓶不得与电线接触,不得靠近加热器、明火或暖气装置,也不要放在阳光直射的地方,以防引起爆炸。

1.2　实验室试剂的一般知识

1.2.1　实验室常用试剂的分类

化学试剂的纯度对实验结果的准确度影响很大,不同的实验对试剂纯度的要求也不相同,因此必须了解试剂的分类标准。

常用的化学试剂根据纯度的不同,分为不同的规格。我国化学试剂基本分为四级,其等级和应用范围见表1.4。

表1.4　试剂等级和应用范围

试剂规格	中英文名称	代号	瓶签颜色	应用范围
一级	保证试剂或优质纯试剂	G. R.	绿色	用作基准物质,主要用于精密的研究和分析鉴定
二级	分析试剂或分析纯试剂	A. R.	红色	主要用于一般的科学研究和定量分析鉴定
三级	化学纯试剂	C. P.	蓝色	适用于一般分析工作及化学制备实验
四级	实验试剂	L. R.	棕色	适用于要求不高的实验,可作为辅助试剂

除此之外,我国的化学试剂还有“工业级”及近年来大量使用的生化试剂。随着教学、科研、工业生产的发展需要,对化学试剂纯度的要求也愈加严格与专门化。除了常用的试剂外,又出现了具有特殊用途的专用试剂,如基准试剂、光谱纯试剂及超纯试剂等。基准试剂相当于或高于优级纯试剂,专门用作滴定分析的基准物质,用以确定未知溶液的准确浓度或直接配制标准溶液。光谱纯试剂主要在光谱分析中用作标准物质,其杂质用光谱分析法检测不出或杂质低于某一限度,纯度在99.99%以上。超纯试剂又称高纯试剂,是用一些特殊设备如石英、铂器皿生产的。选用不同纯度的试剂时,除了要考虑实验的要求外,还需要有相应的纯水与容器与之配合,才能发挥试剂纯度的作用,达到实验纯度的要求。例如,在精密分析实验中选用一级试剂,则需要用二次蒸馏水以及硬质硼硅玻璃仪器。总之,要合理使用化学试剂,既不超

规格而造成浪费,又不随意降低规格而影响实验结果的准确度。

1.2.2 实验室常用试剂的存放

有些化学试剂易燃、易爆、易见光分解,有些试剂则具有很强的腐蚀性或毒性等。因此,实验室常用试剂的存放要注意安全,要防火、防水、防挥发、防曝光和防变质。化学试剂的存放,必须根据其物理性质、化学性质采用不同的保管方法。

①一般单质和无机盐固体,应存放在试剂柜内。相互易起化学反应的试剂,如氧化剂与还原剂、酸与碱等,应分开存放。

②易水解或吸水性很强的试剂,试剂瓶口应严格密封,必要时可放在干燥器中保存。

③易见光分解的试剂(如硝酸银、高锰酸钾等),与空气接触易氧化的试剂(如氯化亚锡、碘化钾等),都应储存在棕色瓶中,并放在阴暗避光处。

④易燃液体(主要是有机溶剂),极易挥发,遇明火即燃烧甚至爆炸。实验中常用的乙醇、丙酮、苯等试剂要单独存放,并放在阴凉通风、远离火源的地方。

⑤易腐蚀玻璃的试剂,如氢氟酸、氢氧化钠等,应保存在塑料瓶内。装碱液的瓶塞不应用玻璃塞,而要使用软木塞或橡胶塞。

⑥特殊试剂,如某些活泼的金属或非金属,它们应隔绝空气,保存在合适的液体或固体中,如锂要用石蜡密封;钠和钾应保存在煤油中;白磷应保存在水中。

⑦剧毒试剂,如氰化钾、三氧化二砷、氯化汞等,其保管需特别注意,应安排专人妥善保管,并且严格执行领取登记制度,以免发生事故。

为减少化学试剂的污染,实验室中应尽量不存放或少存放整瓶试剂。除实验必需的试剂和溶剂外,其他试剂一律不存放在实验室中。

1.3 常用玻璃仪器

实验室常用玻璃仪器,见表1.5。

表1.5 常用玻璃仪器简表

序号	仪器简图	名称	主要用途	操作要求及注意事项
1		烧杯	配制、蒸发浓缩溶液,在常温或加热条件下作物质反应的容器	①加热前,烧杯外壁须擦干 ②加热时,烧杯底须垫石棉网 ③搅拌时,搅拌棒不能击打玻璃壁 ④反应液体的体积不超过烧杯容积的2/3
2		试管	①溶解少量试剂或作反应容器 ②用于收集少量气体	①加热时,液体体积不超过试管容积的1/3 ②加热前,试管外壁要擦干,并均匀预热 ③加热时,试管口不可对着人,须用试管夹 ④加热液体时,试管倾斜,跟桌面成45° ⑤用铁夹夹持加热固体时,试管口略向下倾斜 ⑥用右手中指、食指、拇指拿在距离试管口约全长1/3处操作

续表

序号	仪器简图	名称	主要用途	操作要求及注意事项
3		蒸发皿	①蒸发液体 ②浓缩和结晶	①加热前将外壁擦干，不宜骤冷 ②加热的液体体积不超过蒸发皿容积的2/3 ③液体较少或液体黏稠时，应垫石棉网加热 ④蒸发接近完成时，要勤搅拌；剩下少量液体时，停止加热，用余热烤干
4		锥形瓶	①用于中和滴定 ②装配气体发生器 ③作蒸馏液体的接收器	①盛液体积一般不超过锥形瓶容积的1/3 ②加热时，先擦干外壁，并垫上石棉网加热，或置于水浴中加热 ③振荡时，用手握住瓶颈以手腕为支点，用腕力使锥形瓶做圆周运动，不能上下振动或左右摆动
5		量筒	用于量取液体的体积	①不能在量筒内进行化学反应或用来量取热液体 ②读取液体体积时要把量筒竖直放置
6		集气瓶	用于收集气体	①集气瓶磨砂瓶口应盖上毛玻璃 ②不能加热 ③收集密度比空气大的气体时，瓶口要向上放置；收集密度比空气小的气体时，瓶口要向下
7		漏斗	①过滤 ②向小口容器内注入液体	①不能加热 ②加滤纸后制成过滤器，滤纸要贴紧漏斗 ③过滤时，漏斗应放在漏斗架或铁圈中
8		分液漏斗	①用于分离不相溶的液体 ②装配气体发生装置，用于不断向烧瓶中添加液体试剂	①使用前要检查漏斗活塞是否紧密，玻璃活塞应涂一层薄薄的凡士林 ②分液时应充分振荡后静置，待分层后开启活塞，放出下层液体，再从漏斗口倒出上层液体 ③装配气体发生器，用活塞控制添加剂，加液后关闭活塞
9		长颈漏斗	①用于加液 ②组装气体发生装置	漏斗管下端开口要浸入容器里的液面以下

续表

序号	仪器简图	名称	主要用途	操作要求及注意事项
10		石棉网	使仪器受热均匀	①烧杯、烧瓶加热时必须垫石棉网 ②不能浸水和弯折
11		试管夹	夹持试管	①将试管夹从试管的底部往上套 ②夹在试管的中上部,若将试管长度三等分,则试管夹夹在靠近试管口那端的1/3~1/4处 ③用手拿试管夹时,要拿住试管夹的长柄,拇指不要按在短柄上
12	铁夹 铁圈	铁架台	固定和支持反应仪器	①铁夹夹持仪器应松紧适度,以仪器不脱落为宜 ②铁圈上放石棉网 ③被固定仪器的重心应在铁台底座上
13		酒精灯	用于试剂量不多、温度要求不高时加热	①灯内酒精的体积一般应占容积的1/3~2/3 ②用火柴点燃酒精灯,不可以用燃着的酒精灯去引燃另一盏酒精灯 ③用毕,随手用灯帽盖灭,注意不可用嘴吹灭酒精灯 ④加热时,试管底部不能触及灯芯,要用外焰加热
14		胶头滴管	用于吸取和滴加少量液体	①胶头滴管要在挤空后,再伸入试剂瓶内吸取液体 ②吸入液体后,滴管不可平放或倒置 ③滴液时,管口不能接触容器,用后插回原试剂瓶或洗净
15		水槽	用于排水集气	玻璃水槽不可以盛温度高的水,更不能加热
16		研钵	用于研磨固体物质	①不能用研钵捣击药品 ②研磨时,左手按钵,右手握杵,在钵中缓缓转动 ③各种药品单独研磨
17		药匙	取粉状或小颗粒固体试剂	①用过的药匙应立即擦干净,以备再用 ②根据取用试剂的量,分别选用药匙的大小端,取用量由少到接近需要量
18		表面皿	盖烧杯或放试纸	不能在火上加热

续表

序号	仪器简图	名称	主要用途	操作要求及注意事项
19		燃烧匙	用于盛放少量可燃性固体药品做燃烧实验	①实验时,燃烧匙应缓缓放入集气瓶中,但不能接触瓶底 ②燃烧匙用完后,应立即洗净擦干
20		瓷坩埚	用于高温灼烧固体	①加热前,外壁要擦干,不宜骤冷 ②加热完毕,要用预热过的坩埚钳夹取,放在石棉网上冷却,不能直接放在桌面上
21		坩埚钳	用来夹取热的坩埚、蒸发皿等;有时也用来夹金属丝(条)状物做燃烧实验	①夹取灼热的器皿时,一定要预热坩埚钳 ②夹取瓷质器皿,不能用力过猛
22		玻璃棒	主要用于搅拌及引流	①搅拌时,玻棒头上套橡皮 ②引流时玻棒紧靠器皿嘴
23		试管架	放置试管	①加热后的试管,应用试管夹夹持悬放在试管架上,不能直接插入空架中 ②未用的干净试管应倒插在试管架上 ③试管架要保持清洁,用完后一定要洗刷干净,擦干放好
24		试管刷	用于洗刷各种仪器、器皿(试管)	使用前要查看试管刷顶部竖毛是否完整,若不完整则不能使用

1.4　玻璃仪器的洗涤和干燥

1.4.1　常用的洗涤液及其配制

(1)铬酸洗液

将研细的重铬酸钾20 g溶于40 mL水中,慢慢加入360 mL浓硫酸,冷却后即得铬酸洗液。用少量铬酸洗液刷洗或浸泡一夜可除去器壁上残留的油污,洗液可重复使用,使用时,一定要小心,因为铬酸洗液有毒。

(2)碱性洗液

碱性洗液即为10%的氢氧化钠水溶液或乙醇溶液。氢氧化钠水溶液加热(可煮沸)使用,去油效果较好。注意:煮的时间太长会腐蚀玻璃,碱—乙醇洗液不要加热。

(3)碱性高锰酸钾洗液

将4 g高锰酸钾溶于水中,加入10 g氢氧化钠,用水稀释至100 mL即得碱性高锰酸钾洗液。该洗液可洗涤油污或其他有机物,洗后容器沾污处有褐色二氧化锰析出,此时可再用浓盐酸、草酸、硫酸亚铁或亚硫酸钠等还原剂将其除去。

(4)草酸洗液

将5～10 g草酸溶于100 mL水中,加入少量浓盐酸,冷却后即得到草酸洗液。草酸洗液可洗涤高锰酸钾洗涤后产生的二氧化锰,必要时可加热使用。

(5)碘—碘化钾洗液

将1 g碘和2 g碘化钾溶于水中,用水稀释至100 mL即成碘—碘化钾洗液。该洗液可洗涤用过硝酸银滴定液后留下的黑褐色沾污物,也可用于擦洗沾过硝酸银的白瓷水槽。

(6)有机溶剂

常用的有机溶剂有苯、乙醚、二氯乙烷等。有机溶剂可洗去油污或可溶于该溶剂的有机物质,使用时要注意其毒性及可燃性。

用乙醇配制的指示剂干渣、比色皿,可用盐酸—乙醇(1∶2)洗液洗涤。

(7)沉淀物洗涤液

1∶1氨水或10% $Na_2S_2O_3$水溶液可除去AgCl沉淀。

100 ℃浓硫酸或EDTA—NH_3水溶液(3% EDTA二钠盐500 mL与浓氨水100 mL混合)加热近沸,可除去$BaSO_4$沉淀。

热浓硝酸可除去汞渣。

(8)洗消液

对于检验致癌性化学物质的器皿,为了防止对人体的伤害,在洗刷之前应使用对这些致癌性物质有破坏分解作用的洗消液进行浸泡,然后再进行洗涤。

在食品检验中经常使用的洗消液有:1%或5%次氯酸钠(NaClO)溶液、20% HNO_3和2% $KMnO_4$溶液。

1%或5% NaClO溶液:用1% NaClO溶液浸泡被污染的玻璃仪器半天或用5% NaClO溶液浸泡片刻,即可达到破坏黄曲霉毒素的作用。配法:取漂白粉100 g,加水500 mL,搅拌均匀,另将工业用Na_2CO_3 80 g溶于500 mL温水中,再将两液混合,搅拌,澄清后过滤,此滤液含NaClO 2.5%;若用漂粉精配制,则Na_2CO_3的质量应加倍。

20% HNO_3溶液和2% $KMnO_4$溶液对苯并(a)芘有破坏作用,被苯并(a)芘污染的玻璃仪器可用20% HNO_3浸泡24 h,取出后用自来水冲去残存酸液,再进行洗涤。被苯并(a)芘污染的乳胶手套及微量注射器等可用2% $KMnO_4$溶液浸泡2 h后,再进行洗涤。

1.4.2 特殊要求的洗涤方法

在用一般方法洗涤后,有的实验要求用蒸汽洗涤,方法是:为烧瓶安装一根蒸汽导管,将要洗的容器倒置在上面用水蒸气吹洗。

某些测量痕量金属的分析对仪器的洗涤要求很高，要求洗去微克级的杂质离子，洗净的仪器还要浸泡在1∶1盐酸或1∶1硝酸中数小时至24 h，以免吸附无机离子，然后用纯水冲洗干净。有的仪器需要在几百摄氏度的温度下烧净，以达到痕量分析的要求。

1.4.3　洗涤仪器的一般步骤

①用水刷洗。使用用于各种形状仪器的毛刷，如试管刷、瓶刷、滴定管刷等。首先用毛刷蘸水刷洗仪器，用水冲去可溶性物质及表面黏附的灰尘。

②用合成洗涤水刷洗。市售的餐具洗涤灵是以非离子表面活性剂为主要成分的中性洗液，可配制成1% ~2%的水溶液，也可用5%的洗衣粉水溶液刷洗仪器。它们都有较强的去污能力，必要时可温热或短时间浸泡。

注意：进行荧光分析时，玻璃仪器应避免使用洗衣粉洗涤，因洗衣粉中含有荧光增白剂，会给分析结果带来误差。

③用洗液洗涤。洗液多用于不能用毛刷刷洗的玻璃仪器，如滴定管、移液管、容量瓶、比色管、玻璃垂熔漏斗、凯氏烧瓶等有特殊要求与形状的玻璃仪器。具体做法是：用洗液浸泡仪器过夜，次日再用自来水冲洗干净，对于做痕量金属分析的玻璃仪器，再用1∶9 HNO_3溶液浸泡过夜，最后用蒸馏水洗涤3次。用蒸馏水冲洗时，要顺壁冲洗并充分振荡。经蒸馏水冲洗后的仪器，用指示剂检查应为中性。

④用纯水洗涤。经以上洗涤步骤的仪器倒置时，水流出后，器壁应不挂小水珠；至此再用少许纯水冲仪器3次，洗去自来水带来的杂质，沥尽水，烘干（105 ~110 ℃烘1 h）备用。

1.4.4　玻璃仪器的保管

仪器要分门别类地存放，以便取用。玻璃仪器入实验柜时，要放置稳妥，高的、大的放内侧，矮的、小的放外侧。另外，小件仪器也可放在带盖的托盘中，盘内要垫层洁净滤纸。以下提出一些仪器的保管办法：

①移液管洗净后置于防尘的盒中。

②滴定管用后，洗去内装的溶液，洗净后装满纯水，上盖玻璃短试管或塑料套管，也可倒置夹于滴定管架上。

③比色皿用毕洗净后，在瓷盘或塑料盘中下垫滤纸，倒置晾干后装入比色皿盒或清洁的器皿中。

④带磨口塞的仪器容量瓶或比色管最好在洗净前就用橡皮筋或小线绳把塞和管口拴好，以免打破塞子或互相弄混。需长期保存的磨口仪器要在塞间垫一张纸片，以免日久粘住。长期不用的滴定管要除掉凡士林后垫纸，用皮筋拴好活塞保存。

⑤成套仪器如索氏萃取器、气体分析器等用完要立即洗净，放在专门的纸盒里保存。

⑥玻璃仪器尽可能倒置，这样既可自然晾干，又能防尘。如烧杯等可直接倒扣在实验柜内，锥形瓶、烧瓶、量筒等可在柜子的隔板钻孔，并将仪器倒置于孔中。

1.4.5　玻璃仪器的干燥

洗净的玻璃仪器如需干燥可选用以下方法。

(1)晾干

干燥程度要求不高又不急用的仪器,可倒放在干净的仪器架上或实验柜内,任其自然晾干。倒放时,必须注意放稳仪器。

(2)吹干

急需干燥的仪器,可用吹风机或玻璃仪器气流烘干器等吹干。使用时,一般先用热风吹玻璃仪器的内壁,干燥后,吹冷风使仪器冷却。

如果先加少许易挥发又易与水混溶的有机溶剂(常用的是酒精或丙酮)到仪器里,倾斜并转动仪器,使器壁上的水与有机溶剂混溶,然后将其倾出再吹风,则干得更快。

(3)烤干

有些构造简单、厚度均匀的小件硬质玻璃器皿可以用小火烤干,以供急用。

烧杯和蒸发皿可以放在石棉网上用小火烤干。

试管可以直接用小火烤干,具体做法是:用试管夹夹住靠试管口一端,试管口略向下倾斜,以防水蒸气凝聚后倒流使灼热的试管炸裂;烘烤时,先从试管底端开始,逐渐移向管口,然后来回移动试管,防止局部过热。烤到不见水珠后,再将试管口朝上,以便把水汽烘赶干净。烤热了的试管在石棉网上放冷后才能使用。

(4)烘干

能经受较高温度烘烤的仪器可以放在电热或红外干燥箱(简称“烘箱”)内烘干。如果要求干燥程度较高或需干燥的仪器数量较多,使用烘箱就很方便。

烘箱附有自动控温装置,烘干仪器上的水分时,应将温度控制在105~110 ℃。先将洗净的仪器尽量沥干,放在托盘里,然后将托盘放在烘箱的隔板上,一般烘1 h左右就可达到干燥目的。等温度降到50 ℃以下时,才可取出仪器。

请注意,带有刻度的计量仪器不能用加热的方法进行干燥,因为热胀冷缩会影响它们的精密度。

1.5 容量器皿的使用

1.5.1 滴定管

滴定管是滴定时准确测量标准溶液体积的量器,是具有精确刻度且内径均匀的细长玻璃管。用于常量分析的滴定管有50 mL和25 mL两种容积,最小刻度为0.1 mL,读数可估计到0.01 mL,另外还有容积为10,5,2,1 mL的半微量或微量滴定管。

滴定管一般可分为酸式滴定管和碱式滴定管两种,如图1.1所示。酸式滴定管下端有一玻璃活塞开关,用于装酸性溶液和氧化性溶液,不宜盛碱性溶液,因为碱液能腐蚀玻璃,使活塞难以转动。碱式滴定管的下端连接一橡皮管,管内有玻璃珠以控制溶液的流出,橡皮管下端再连一尖嘴玻璃管。凡是能与橡皮管起反应的溶液如$KMnO_4$、I_2、$AgNO_3$等不能装在碱式滴定管中。

滴定管的使用方法主要包括:

(1)准备

在使用酸式滴定管前应检查其活塞转动是否灵活,然后检查是否漏水。试漏的方法是:先将活塞关闭,在滴定管内装满水,将滴定管夹在滴定管夹上,放置2 min,观察管口及活塞两端是否有水渗出;再将活塞转动180°,放置2 min,看是否有水渗出。若前后两次均无水渗出,活塞转动也灵活,即可使用,否则应将活塞取出,重新涂凡士林后再使用。

涂凡士林的方法是:将活塞取出,用滤纸或干净的抹布将活塞及活塞槽内的水擦干净,用手蘸少许凡士林在活塞的两头(图1.2)涂上薄薄一层。在靠近活塞孔的两旁少涂一些,以免凡士林堵住活塞孔,将活塞直插入活塞槽中,按紧,并向同一方向转动活塞,直至活塞中油膜均匀透明。如发现转动不灵活或活塞上出现纹路,则表明凡士林涂得不够;若有凡士林从活塞缝内挤出,或活塞孔被堵,则表示凡士林涂得太多。遇到这两种情况,都必须把塞槽和活塞擦干净后重新涂凡士林。涂好凡士林后,套上橡皮圈,经过试漏、洗净,即可使用。

碱式滴定管试漏的方法是:将滴定管装满水,直立观察2 min即可,若不漏水,还需检查能否灵活控制液滴。如不符合要求,则重新调换大小合适的玻璃珠。

(2)洗涤

滴定管在使用前先用自来水洗,洗净的滴定管内壁应不挂水珠。若挂水珠,则需用洗液继续清洗。洗液洗涤酸管时,要预先关闭活塞,加入5~10 mL洗液,两手分别拿住管上下部无刻度的地方,边转动边将管口倾斜,使洗液流遍全管内壁,然后竖起滴定管,打开活塞让洗液从下端尖嘴放回原洗液瓶中。洗涤碱管时,先去掉下端的橡皮管和尖嘴玻璃管,接上一小段塞有玻棒的橡皮管,再按上述方法洗涤。若滴定管非常脏,也可在滴定管内加满洗液,浸泡一段时间后再放出洗液。之后用自来水冲洗直至流出的水无色,滴定管内壁不挂水珠,最后再用去离子水荡洗2~3次。

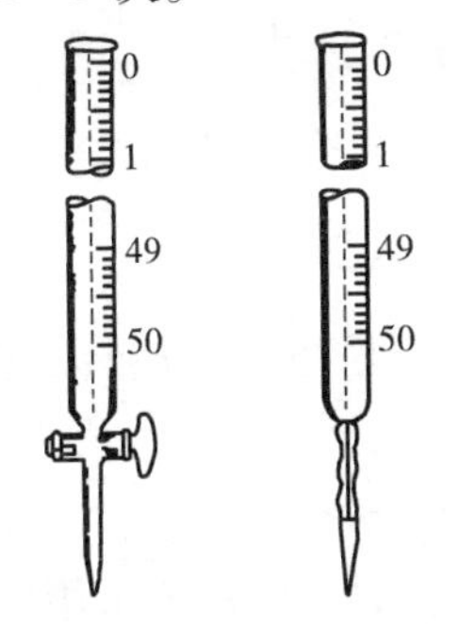

(a)酸式滴定管　(b)碱式滴定管

图1.1　滴定管

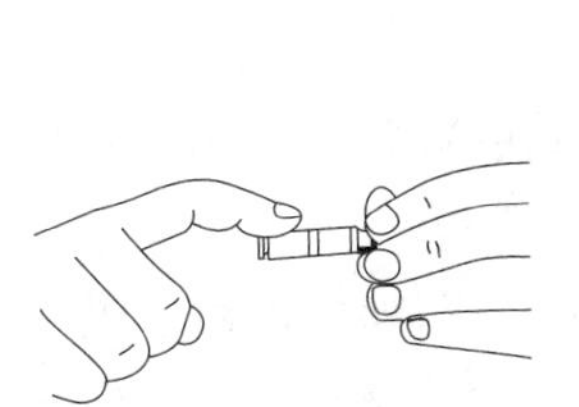

图1.2　活塞涂凡士林

图1.3　碱式滴定管逐气泡法

(3)装液

为了避免装入后的标准溶液被稀释,应用此标准溶液5~10 mL洗涤滴定管2~3次。操作时,两手平端滴定管,慢慢转动,使标准溶液流遍全管,并使溶液从滴定管下端流出,以除去管内残留水分。在装入标准溶液时,应直接倒入,不得借用任何别的器皿,以免标准溶液浓度改变或造成污染。装好标准溶液后,注意检查滴定管尖嘴内有无气泡,否则在滴定过程中,气泡逸出将影响溶液体积的准确测量。对于酸式滴定管可迅速转动活塞,使溶液很快冲出,将气泡带走;对于碱式滴定管,可把橡皮管向上弯曲,挤动玻璃珠,使溶液从尖嘴处喷出,即可排出气泡,如图1.3所示。排出气泡后,加入标准溶液,使之在“0”刻度之上,再调节液面在0.00

mL 刻度处,备用。如液面不在 0.00 mL 处,则应记下初读数。

(4)读数

由于滴定管读数不准确而引起的误差,是滴定分析实验误差的主要来源之一,因此在滴定前应进行读数练习。

滴定管应垂直地夹在滴定管架上,由于表面张力的作用,滴定管内的液面呈弯月形,无色溶液的弯月面比较清晰,而有色溶液的弯月面清晰度较差。因此,两种情况的读数方法稍有不同,为了正确读数,应遵循如下原则:

①注入溶液或放出溶液后,需等 1 ~ 2 min,使附着在内壁上的溶液流下来后才能读数。当放出溶液相当慢时,例如滴定到最后阶段,标准溶液每次只加 1 滴,则等 0.5 ~ 1 min 即可。

②读数时,对于无色或淡色溶液,读取与弯月面下缘相切的刻度;对于有色溶液,如 $KMnO_4$、I_2溶液等,读取视线与液面两侧最高点呈水平处的刻度。初读数与终读数应取同一标准。

③使用"蓝带"滴定管时,溶液体积的读数方法与上述方法不同,在这种滴定管中,液面呈现三角交叉点,读取交叉点与刻度相切之处的读数[图 1.4(a)]。

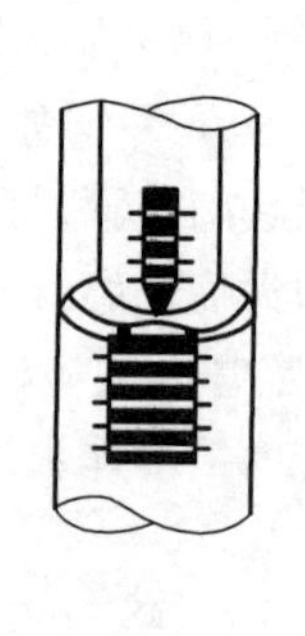

(a)蓝带滴定管读数

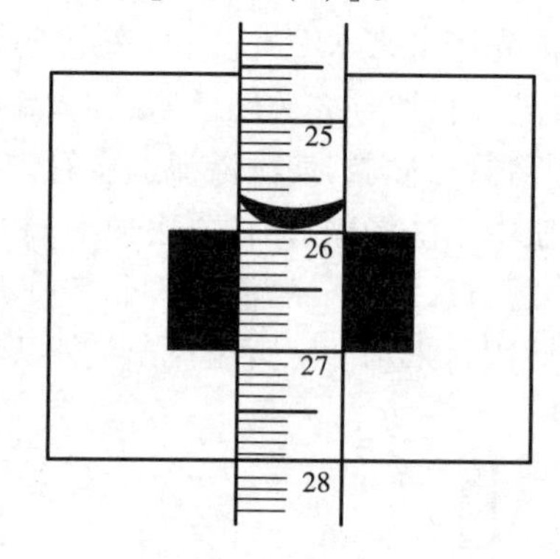

(b)读数卡读数

图 1.4　滴定管读数

④每次滴定前应将液面调节在刻度 0.00 mL,或接近"0"稍下的位置,这样可固定在某一段体积范围内滴定,以减少体积误差。

⑤读数必须读到小数点后第二位,即估计到 0.01 mL。

⑥为了读数准确,可采用读数卡,这种方法有助于初学者练习读数。读数卡可用黑纸或涂有墨的长方形(约 3 cm×1.5 cm)白纸制成。读数时,将读数卡放在滴定管背后,使黑色部分在弯月面下 1 mm 处,此时可看到弯月面的反射层为黑色,然后读与此黑色弯月面相切的刻度[图 1.4(b)]。

(5)滴定

滴定最好在锥形瓶中进行,必要时也可以在烧杯中进行。滴定的操作如图 1.5 所示。对于酸式滴定管,用左手控制滴定管的活塞,大拇指在前,食指和中指在后,手指略微弯曲,轻轻向内扣住活塞[图 1.5(a)]。转动活塞时,要注意勿使手心顶着活塞,以防活塞被顶出,造成漏水。右手握持锥形瓶,边滴边摇动,使瓶内溶液混合均匀、反应及时进行完全。摇动时应作同一方向的圆周运动。刚开始滴定,溶液滴出的速度可以稍快些,但也不能使溶液成流水状放出,一般流速为 10 mL/min,即 3 ~ 4 滴/s。临近终点时,滴定速度要减慢,应逐滴加入,滴一滴,摇几下,并以洗瓶吹入去离子水洗锥形瓶内壁,使附着的溶液全部流下;最后,再半滴半滴地加入,直至准确达到滴定终点。半滴滴法是:将滴定活塞稍稍转动,使有半滴溶液悬于管口,将锥形瓶内壁与管口相接触,使液滴流出,并以去离子水冲下。

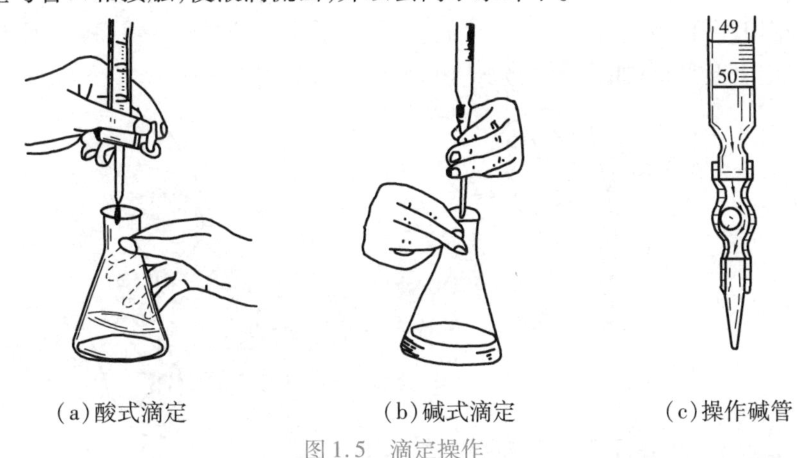

(a)酸式滴定　(b)碱式滴定　(c)操作碱管

图1.5　滴定操作

使用碱式滴定管时,左手拇指在前,食指在后[图1.5(c)],捏住橡皮管中的玻璃珠所在部位稍上处,向左或向右挤橡皮管,使玻璃珠旁边形成空隙,溶液从空隙流出,如图1.5(c)所示。但要注意不能使玻璃珠上下移动,更不能捏挤玻璃珠下方的橡皮管,否则空气进入形成气泡,产生误差。

无论用哪种滴定管,都必须熟练掌握3种加液方法:①逐滴加入;②加1滴;③加半滴。实验完毕后,倒出滴定管内剩余溶液,用自来水冲洗干净,再用去离子水荡洗3次,然后倒置,备用。

1.5.2　容量瓶

容量瓶可用于配制准确浓度的溶液,也可用于准确稀释溶液。容量瓶一般带有磨口玻璃塞或塑料塞,以容积(单位:mL)表示,有5,10,25,50,100,250,500,1 000 mL等各种规格。一般的容量瓶都是"量入"容量瓶,标有"In"(过去用"E"表示),当液面达到瓶颈标线时,表示在所指温度(一般为20 ℃)下,溶液体积恰好与标称容量相等;另一种容量瓶是"量出"容量瓶,标有"Ex"(过去用"A"表示),当液面达到标线后,倒出溶液的体积恰好与瓶上的标称容量相同。

(1)准备

使用前要检查容量瓶瓶塞是否漏水,即在瓶中加水至标线,左手塞紧磨口塞,右手托住瓶底,将瓶倒立2 min,观察瓶塞周围是否渗水。若不渗水,将瓶正立,并将瓶塞转动180°,再倒立,若不漏水,即可使用。因磨口塞与瓶是配套的,搞错后会引起漏水,所以应用橡皮筋将塞子系在瓶颈上。

容量瓶用完后应洗涤干净,洗涤方法与洗涤滴定管的方法相同。

(2)操作方法

如果是用固体物质配制标准溶液,则先将准确称取的固体物质于小烧杯中溶解,冷却后将溶液定量转移到预先洗净的容量瓶中。转移溶液的方法如图1.6所示,即一手拿着玻璃棒,并将它伸入瓶中;一手拿烧杯,让烧杯嘴贴紧玻璃棒,慢慢倾斜烧杯,使溶液沿着玻璃棒流下。倾完溶液后,将烧杯沿玻璃棒轻轻上提,同时将烧杯直立,使附在玻璃棒和烧杯嘴之间的液滴回到烧杯中。再用洗瓶以少量去离子水冲洗玻璃棒、烧杯 3 ~ 4 次，洗出液全部转入容量瓶中（称为溶液的定量转移）。然后用去离子水稀释至容积 2/3 处时，旋摇容量瓶使溶液初步混合，但此时切勿倒转容量瓶。最后，继续加水稀释，当接近标线时，应以滴管逐滴加水至弯月面恰好与标线相切。盖上瓶塞，以食指压住瓶塞，另一手指尖托住瓶底缘，将瓶倒转并摇动，再倒转过来，使气泡上升到顶；如此反复多次，使充分混合，如图 1.7 所示。

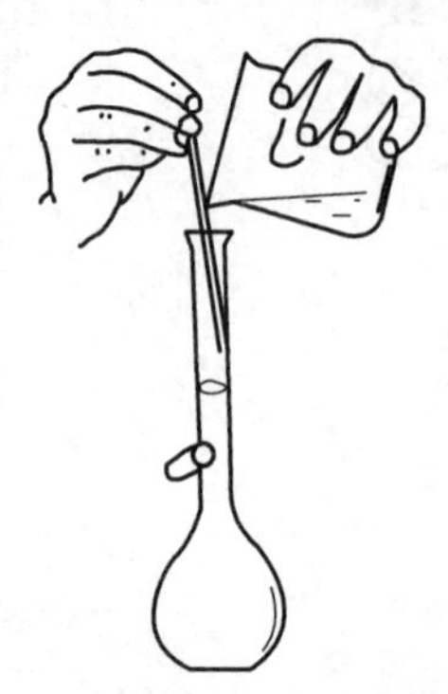
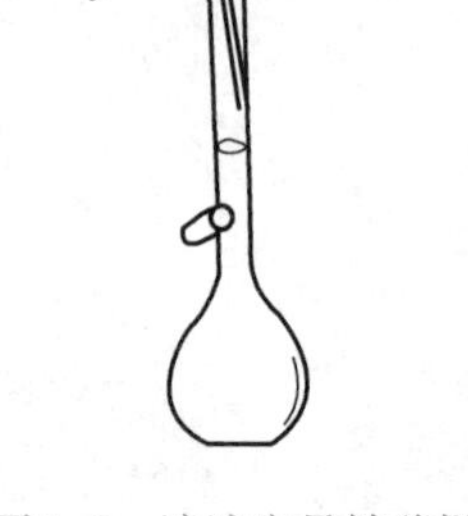

图 1.6　溶液定量转移操作　　　　图 1.7　溶液的充分混合

如果把浓溶液定量稀释，则用移液管准确吸取一定体积的浓溶液放入容量瓶中，再以去离子水稀释至标线，摇匀。但稀释时放热的溶液应先在烧杯中稀释，冷却至室温后再定量转移至容量瓶，并稀释至标线，否则会造成体积误差。另外，需避光的溶液应以棕色容量瓶配制。

容量瓶是量器不是容器，不可用容量瓶长期存放溶液，应转移到试剂瓶中保存，试剂瓶应先用配好的溶液荡洗 2 ~ 3 次。

1.5.3　移液管和吸量管

移液管和吸量管都是准确移取一定体积溶液的量器。移液管又称无分度吸管，是一根细长而中间膨大的玻璃管，如图 1.8(a)所示，在管的上端有一环形标线，膨大部分标有它的容积和标定时的温度。常用的移液管有 5，10，25，50 mL 等规格。

吸量管是有分刻度的吸管，如图 1.8(b)所示，用以吸取不同体积的溶液。常用的吸量管有 1，2，5，10 mL 等规格。

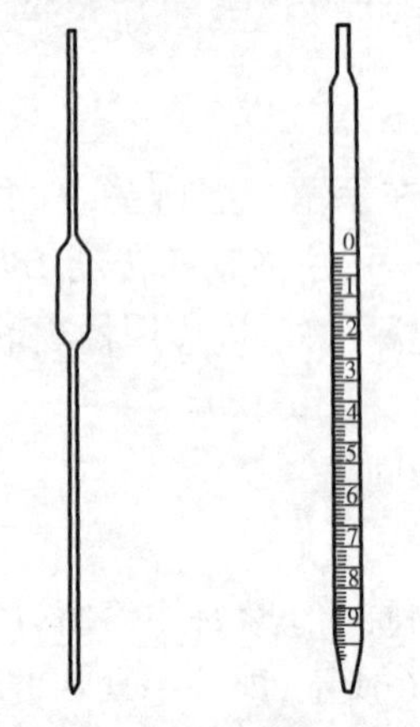

(a)移液管　(b)吸量管

图 1.8　移液管和吸量管

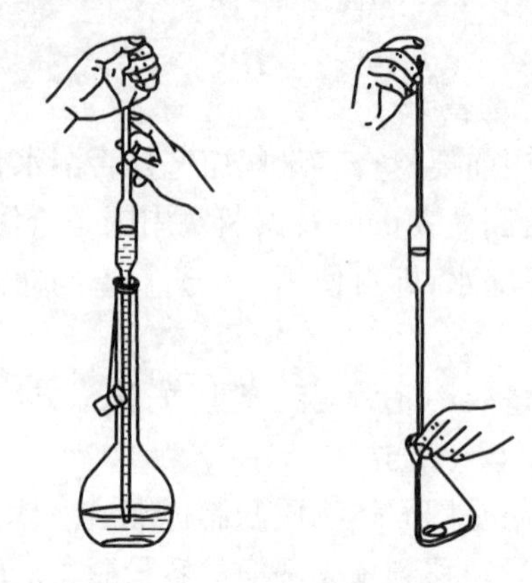

(a)移液管吸取溶液　(b)从移液管中放出溶液

图 1.9　移液管的使用

(1)洗涤

移液管和吸量管一般用橡皮洗耳球吸取铬酸洗液洗涤,也可放在高型玻筒或量筒内用洗液浸泡,取出后沥尽洗液,用自来水冲洗,再用去离子水洗涤干净,放在吸管架上备用。

(2)操作方法

当第一次用洗净的移液管吸取溶液时,应先用滤纸将尖端内外的水吸净,否则会因水滴引入而改变溶液的浓度。然后,用所要移取的溶液润洗移液管3次,以保证移取的溶液浓度不变。移取溶液时,一般用右手的大拇指和中指拿住颈标线上方,将移液管插入液面下1 cm处,太深会使管外黏附溶液过多,影响量取溶液体积的准确性,太浅往往会产生空吸。左手拿洗耳球,先把球内空气压出,然后把球的尖端插在移液管口,慢慢松开左手手指使溶液吸入管内,如图1.9(a)所示。眼睛注意正在上升的液面位置,移液管应随容器中液面下降而降低,当液面升高到刻度以上时移去洗耳球,立即用右手的食指按住管口,将移液管提离液面,然后使管尖端靠着盛溶液器皿的内壁,略微放松食指并用拇指和中指轻轻转动移液管,让溶液慢慢流出,液面平稳下降,直到溶液的弯月面与标线相切时,立刻用食指压紧管口,取出移液管,把准备承接溶液的容器倾斜约45°,将移液管移入容器中,使管垂直,管尖靠着容器内壁,松开食指[图1.9(b)],让管内溶液自然地全部沿器壁流下,等待10~15 s后,取出移液管。切勿把残留在管尖内的溶液吹出,因为在校正移液管时,已经考虑了末端所保留溶液的体积。

吸量管的操作方法与上述方法相同,但有一种吸量管,管口上刻有"吹"字,使用时吸量管内的溶液必须全部流出,末端的溶液也应吹出,不允许保留。

移液管和吸量管使用后,均应洗净放置在吸管架上备用。移液管不宜放在烘箱中烘烤。

1.6　加热与冷却

1.6.1　加热

(1)常用的加热容器

实验中常用于加热的玻璃器皿有烧杯、烧瓶、锥形瓶、试管等,另外还常用蒸发皿、坩埚。注意:所有量器均不能作为加热器皿。

(2)灯的使用

1)酒精灯

酒精灯是实验室最常用的加热灯具。酒精灯由灯罩、灯芯和灯壶3部分组成,如图1.10所示。

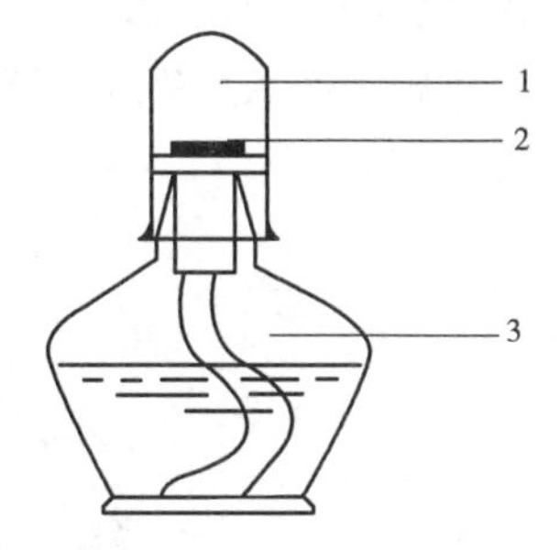

图1.10　酒精灯

1—灯罩;2—灯芯;3—灯壶

酒精灯要用火柴点燃,绝不能用燃着的酒精灯引燃,否则易将灯内酒精洒出,引起火灾;要熄灭灯焰时,可将灯罩盖上,绝不允许用嘴吹灭。火焰熄灭片刻后,应将灯罩打开一次,再重新盖上,否则下次使用时可能会打不开灯罩。

酒精灯的加热温度一般为400~500 ℃,适用于不需要太高温度的实验。若要使灯焰平衡,并适当提高温度,可以加金属网罩,如图1.11所示。

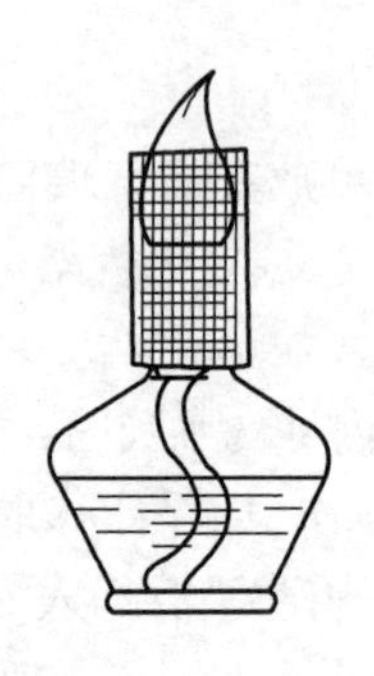

图 1.11　加金属网罩的酒精灯

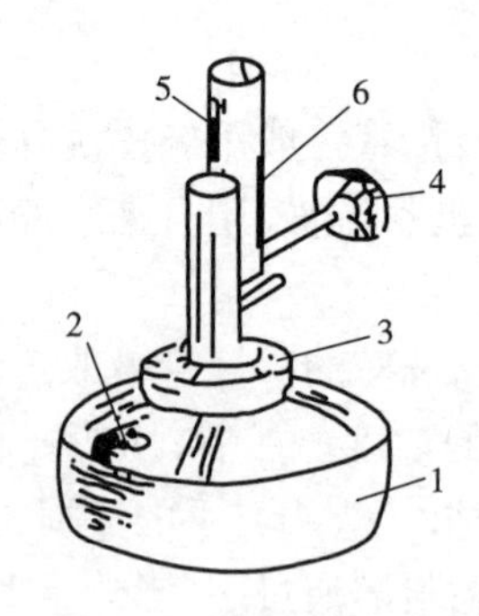

图 1.12　酒精喷灯

1—酒精储罐;2—酒精储罐盖;3—预热盆;
4—开关;5—灯管;6—气门

2)酒精喷灯

酒精喷灯的构造如图 1.12 所示。使用时打开酒精储罐盖,向酒精储罐里加入 200 ~ 300 mL酒精,拧紧酒精储罐盖。在预热盆中倒满酒精,点燃酒精以加热灯管。待盆内酒精接近燃完时,将划着的火柴移至灯口,同时开启开关,使酒精从储罐进入灯管,并受热汽化,与进入气门的空气混合,即可点燃。调节开关,以得到正常的火焰。用毕,用一石棉网盖在灯管口,火即可熄灭。

酒精喷灯一般能达到与煤气灯一样的高温。使用酒精喷灯时应注意:在点燃喷灯前,灯管必须充分灼烧,否则酒精在灯管内难以全部汽化,从而导致液态酒精从管口喷出,形成“火雨”,这是很危险的。

(3)直接加热

1)加热液体

对于在较高温度下不易分解、不易燃的液体,可置于试管或烧杯以及其他器皿中直接用火焰加热。

少量的液体装在试管中加热,液体体积不能超过试管容积的 1/3。加热前将管壁外擦干,加热时用试管夹夹住试管的中上部,试管口朝上,微微倾斜,先预热液体的中上部,再慢慢下移,然后不时上下移动,使管壁受热均匀,如图 1.13 所示。注意移动过程中管口不能对着人。加热后试管不能骤冷,以免管壁破裂。

图 1.13　加热少量液体

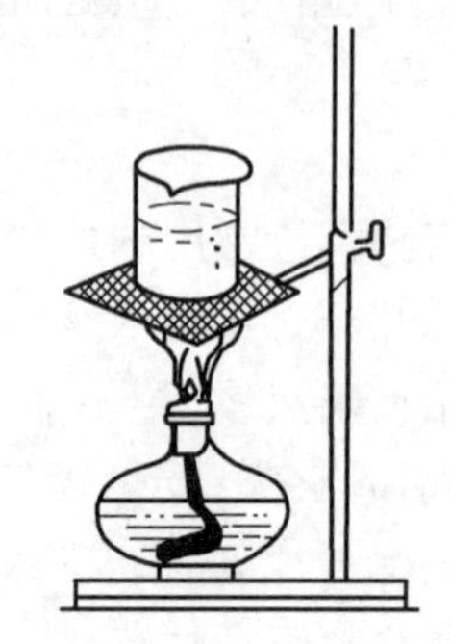

图 1.14　加热较多液体

若需加热的液体较多,可选用烧杯、烧瓶等玻璃容器作盛液容器。容器内液体体积一般不超过容器容积的 1/2,为了受热均匀,盛液容器须放在石棉网上加热,如图 1.14 所示。

若需蒸发浓缩溶液,则要把溶液移至蒸发皿中,在泥三角上加热。蒸发皿内所盛液体体积不应超过其容积的 2/3,蒸发过程无须搅拌,以免破坏晶型,且在溶液沸腾后需改用小火慢慢加热,防止溶液喷溅。

2)加热固体

对于在高温下不易燃烧的固体,可直接加热。

在试管中加热固体,必须将试管口稍微向下倾斜,使管口略低于管底,以免凝结在管壁的水珠倒流入灼热的试管底部,使试管炸裂。试管可用试管夹夹住加热,也可用铁架台固定加热,如图 1.15 所示。

在蒸发皿中加热固体,需注意火焰的调节:先小火预热,再逐步加大火焰。在加热过程中须充分搅拌,使固体受热均匀,防止颗粒喷溅。

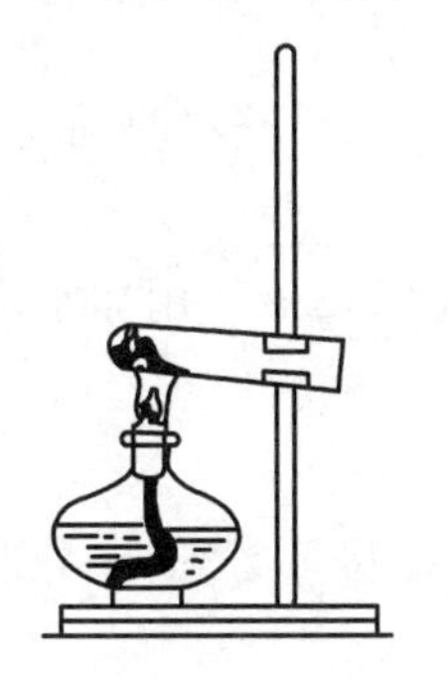
图 1.15 铁架台固定加热

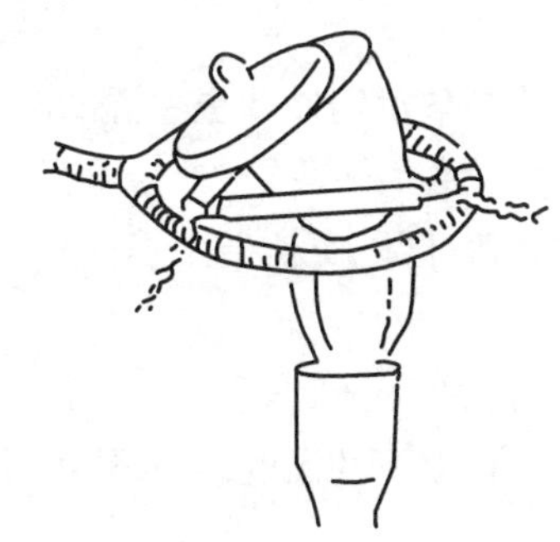
图 1.16 灼烧坩埚内的固体

当固体物质需要高温灼烧时,先把固体放在坩埚中用低温小火烘烧,然后用氧化焰灼烧(图 1.16)或在马弗炉中高温灼烧。加热结束后,需待坩埚稍冷,然后用预热过的坩埚钳夹取坩埚,放入干燥器内冷却。

(4)间接加热

当物体要求受热均匀且温度恒定在一定的范围内时,可采用水浴、油浴或沙浴等进行间接加热。

1)水浴加热

100 ℃以下的加热,常采用水浴,水浴可在恒温水浴锅中进行。恒温水浴锅容量大、控温好;也可用大烧杯代替恒温水浴锅,但加热时应注意调节火焰大小(也可用冷热水调节水温)。用水浴加热时,注意容器内受热物体应完全浸没于水浴中,但容器不能触到底部,如图 1.17 所示。另外,应注意搅拌,使物体受热均匀。

2)油浴

油浴以受热介质油代替受热介质水,利用油的沸点高于水的沸点,达到更高的加热温度。油浴可选用甘油(150 ℃)和液体石蜡(200 ℃)等。使用油浴要小心,要注意防止着火。

3)沙浴

要加热到更高的温度时,可选用沙浴。沙浴是将细沙盛在铁盘内,用酒精喷灯加热铁盘,受热容器下部埋入沙中(图 1.18)。

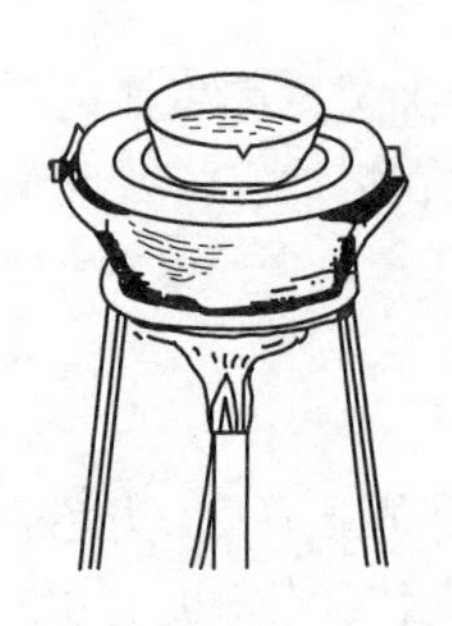

图 1.17　水浴加热

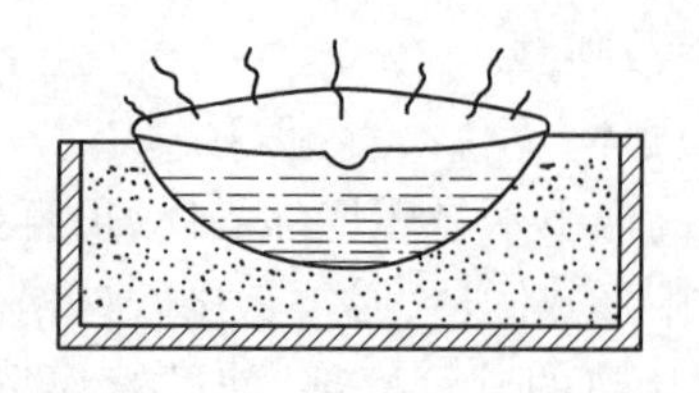

图 1.18　沙浴加热

1.6.2　冷却

(1)流水冷却

加热或反应放热后需冷却至室温的溶液,可直接用自来水淋洗器壁,加速冷却。

(2)冰水浴冷却

在水中加入固体冰,可调节水温使低于室温,最低可达 273 K。用冰水浴冷却时,可搅拌加速冷却。

(3)冰盐浴冷却

要获得 273 K 以下的温度,可选用冰盐浴。将冰块和盐尽量磨细,充分混合后,可达到不同的低温。例如:

100 份碎冰 +4 份 $CaCl_2 \cdot 6H_2O$	264 K
3 份碎冰 +1 份 NaCl	252 K
冰水 +100 份 NH_4NO_3 +100 份 $NaNO_3$	238 K
4 份碎冰 +5 份 $CaCl_2 \cdot 6H_2O$	218 K

冰盐浴能达到的低温与盐种类、盐浓度有关。此外,冰盐浴应选择杜瓦瓶作容器。

(4)液氨浴冷却

液氨浴是一种常用的冷却方法,温度可达 228 ~240 K。

(5)干冰浴冷却

干冰(CO_2)的相变温度为 194.5 K,干冰与有机溶剂(如丙酮、乙醇、氯仿)混合,可改善导热性能。冷浴温度也与加入的有机试剂的种类及量相关,如:

干冰 + 乙醇	201 K
干冰 + 丙酮	195 K
干冰 + 一氯甲烷	191 K

(6)液氮浴冷却

氮气(N_2)液化温度为 77.2 K。液氮浴一般用在合成反应与物质物化性能实验中。

1.7　固液分离

倾泻法、过滤法、离心分离法是科研和生产中常用的 3 种固液分离手段。

1.7.1　倾泻法

当沉淀的结晶颗粒较大或相对密度较大时,可利用固体颗粒的重力沉降进行液固分离。操作如下:待溶液和沉淀分层后,把上清液慢慢倒入(或用滴管吸出)另一容器,沉淀留下即完成分离;如沉淀需洗涤,则直接往沉淀中加入洗涤液,用玻璃棒充分搅拌,静置沉降,倾去上清液,即完成洗涤。如需要,可重复洗涤几次。

1.7.2　过滤法

过滤法是利用多孔性介质(如滤纸、滤布)截留固液悬浮液中的固体颗粒而完成固液分离的方法。常用的过滤方法有常压过滤、减压过滤、热过滤等。

(1)常压过滤

常压过滤是指在常压下用普通漏斗过滤的方法。当沉淀物是胶体或细小的晶体时,一般选用此法,缺点是过滤速度有时较慢。实验中使用常压过滤法时要注意以下几点。

1)滤纸的选择

根据沉淀的性质选择滤纸的类型:细晶型沉淀选择慢速滤纸,胶体沉淀选择快速滤纸,粗晶型沉淀选择中速滤纸。

2)滤纸及过滤装置安装

选一张边缘比漏斗边缘低0.5 cm的圆形滤纸(若为方形滤纸需剪圆),然后将滤纸对折两次,拨开一层即折成圆锥形,见图1.19。将滤纸圆锥形三层那边的外两层撕去一小角,并放入漏斗内,然后用去离子水润湿,再用玻璃棒轻压滤纸四周,赶走气泡,使滤纸紧贴在漏斗壁上。然后将漏斗放在漏斗架上,调整高度,保证漏斗颈口在过滤过程中不接触滤液,并使漏斗颈末端紧靠下方承接容器内壁,以防止滤液溅出。

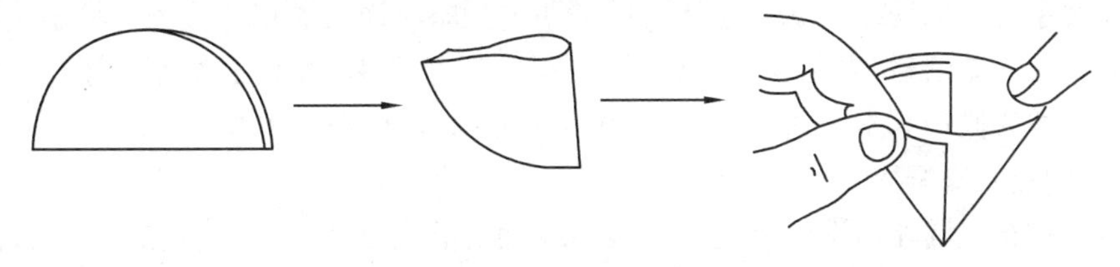

图1.19　滤纸的折叠方法

3)过滤

将玻璃棒指向三层滤纸一边,用玻璃棒引流,先倾倒溶液,后转移沉淀,注意倾入液体的高度应低于滤纸边缘,如图1.20所示。

4)洗涤

倾注完成后,洗涤玻璃棒及容器,并将洗涤水过滤。若需洗涤沉淀,则应先加少量洗涤剂,充分搅拌,静置,待沉淀下沉后,将上层溶液倒入漏斗,如此重复洗涤2~3次,最后将沉淀转移到滤纸上。

5)检验

检测最后流下的滤液中的离子可判断沉淀是否已洗净。

(2)减压过滤

减压过滤亦称吸滤或抽滤,它利用水泵或真空泵抽气使滤器两边产生压差而快速过滤,达到分离固—液两相的目的。它不适用于过滤胶体沉淀和细小的晶体,因为胶体沉淀在快速过滤时会透过滤纸,而颗粒细小的沉淀则会堵塞滤纸孔,使滤液难以通过。

减压过滤装置如图1.21所示,它由布氏漏斗、吸滤瓶、安全瓶、水泵(或真空泵)组成。它利用水泵射出的水流带走装置内的空气而形成真空,在吸滤瓶内形成负压,布氏漏斗液面上下方压差的存在大大提高了过滤速度。

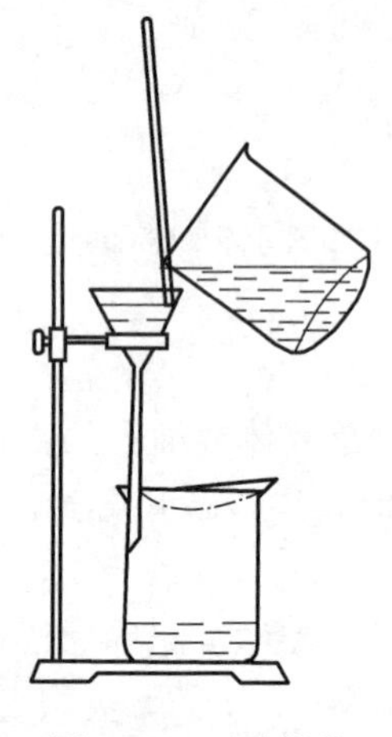

图1.20 过滤操作

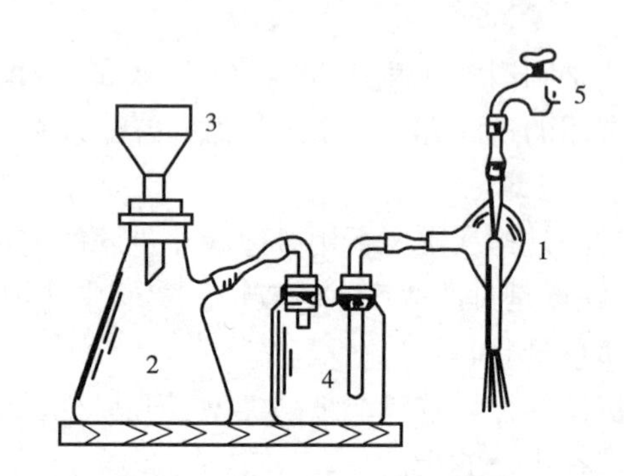

图1.21 减压过滤的装置
1—水泵;2—吸滤瓶 3—布氏漏斗;
4—安全瓶;5—水龙头

减压过滤操作步骤如下:

①检查吸滤装置。安全瓶长管接水泵,短管接吸滤瓶,布氏漏斗下端的斜口应与吸滤瓶支口相对。

②选择大小合适的滤纸。滤纸应比布氏漏斗内径略小而又能将布氏漏斗瓷板上的所有小孔全部遮盖。放入滤纸后,先用少量去离子水润湿,然后开启水泵使滤纸紧贴于漏斗瓷板上。

③过滤。过滤操作同常压过滤操作。当停止抽滤时,应先拆开吸滤瓶的橡皮管,再关水泵,否则水会倒灌入安全瓶。

④洗涤。在布氏漏斗内洗涤沉淀,应先停止抽滤,然后加入少量洗涤液润湿沉淀,再接上吸滤瓶上的橡皮管,开水泵。如此反复2~3次即可。

⑤转移沉淀。当沉淀抽干后,拆开吸滤瓶上的橡皮管,关闭水泵,取下漏斗。将漏斗的颈口朝上,轻轻敲打漏斗边缘,或用洗耳球在漏斗颈口用力一吹,即可使沉淀脱离漏斗,沉淀移至滤纸上或容器中。

(3)热过滤

当要除去热、浓溶液中的不溶性杂质,而溶液的溶质在温度降低时易结晶析出,因此需要用热过滤法。其做法是:①在铜质的保温漏斗套(图1.22)夹层中装入热水,可加热。②采用短颈玻璃漏斗,以避免滤液在漏斗颈中冷却析出晶体。③事先在水浴上用蒸汽加热玻璃漏斗,使热溶液在热过滤时不致因冷却而在漏斗中析出。

1.7.3 离心分离法

离心分离法是利用离心沉降来实现固液分离的方法,适用于沉淀颗粒极细(难以沉降)以及沉淀量很少的固液分离。实验室常用的电动离心机如图 1.23 所示。

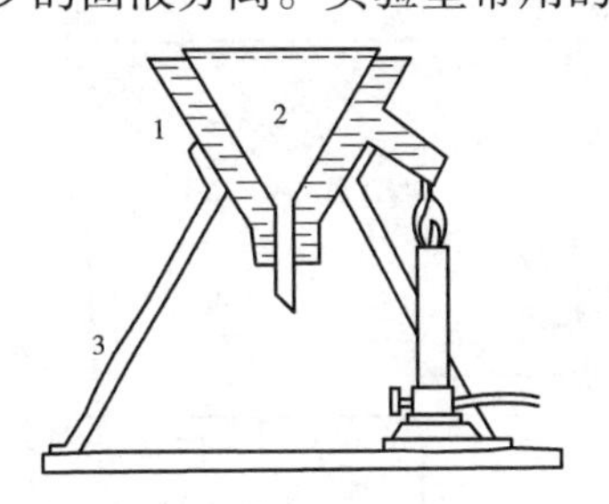

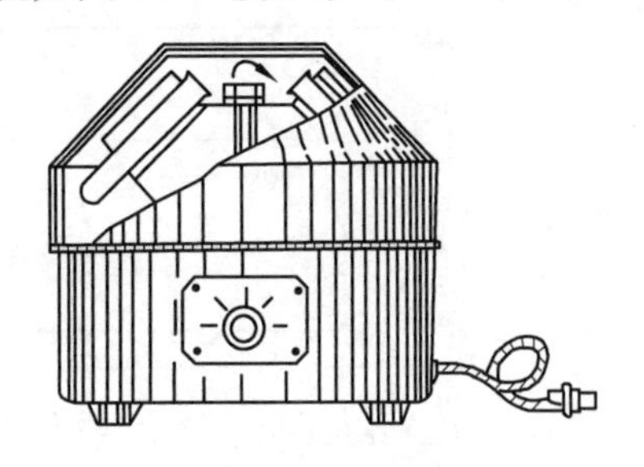

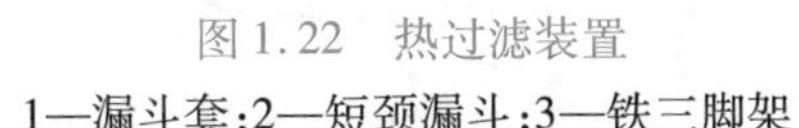

图 1.22　热过滤装置

1—漏斗套;2—短颈漏斗;3—铁三脚架

图 1.23　离心机

在离心分离时,注意选用质量大致相等的离心试管,对称地放在离心机套筒内,盖上盖子,均匀而缓慢地加速,离心 2 ~ 5 min 后,减速,让其自然停止。严禁用外力强迫离心机停止转动。

离心结束后,沉淀密集于离心管的尖端,用液管小心吸出上清液(也可将上清液倾出)。如沉淀需洗涤,可再加入少量洗涤液于离心试管中,用玻璃棒充分搅拌,再经离心机分离。

1.8　实验室常用仪器及其使用

1.8.1　电子分析天平

(1) AB-204N 电子天平的外观结构

AB-204N 电子天平的外观如图 1.24 所示。

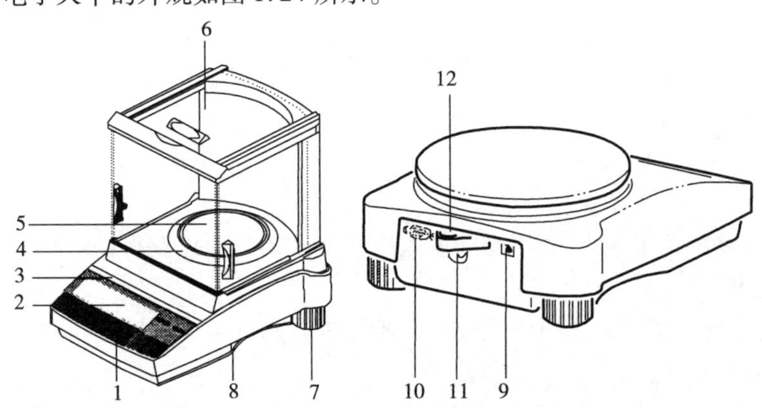

图 1.24　AB-204N 电子天平外观示意图

1—操作键;2—显示屏;3—型号标牌;4—防风圈;5—秤盘;6—防风罩;7—水平调节脚;
8—用于下挂称量方式的挂钩(在天平底面);9—交流电源适配器插座;
10—RS232C 接口;11—防盗锁连接环;12—水平泡

(2) AB-204N 电子天平操作键的功能

AB-204N 电子天平的控制面板如图 1.25 所示。

该系列天平具有两种操作方式:称量工作方式和菜单方式。每个键的功能取决于选择哪种方式及按键时间的长短。

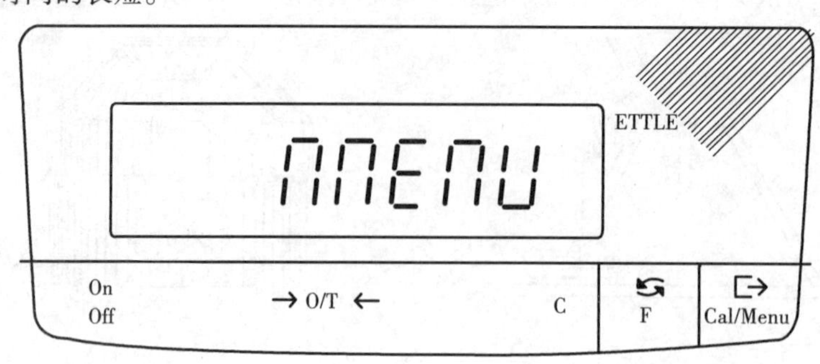

图 1.25　AB-204N 电子天平控制面板示意图

1)称量工作方式下的操作键功能

①On:单击键,开机;

②Off:按键并保持不放,关机(待机状态);

③→O/T←:清零/去皮;

④C:删除功能;

⑤⟲:单位转换;

⑥ F :激活计件功能;

⑦[→:通过接口传输数据(需要合适的配置);

⑧Cal/Menu:按键并保持不放,为校准功能,若一直按键直到 MENU 字样出现,则转换为菜单方式。

2)菜单方式下的操作键功能

①C:退出菜单(不保存退出);

②⟲:改变设置;

③[→:菜单选项;

④Cal/Menu:保存设置并退出。

(3)AB-204N 电子天平的操作

1)预热

为了获得准确的称量结果,天平必须事先通电 20 ~ 30 min 以获得稳定的工作温度。

2)开机/关机

①开机:让秤盘空载并单击"On"键,天平显示自检(所有字段闪烁等),当天平回零时,就可以进行校准或称量了。

②关机:按住"Off"键直到显示"Off"字样后松开该键。

3)校准

①准备好校准用砝码;

②让天平空载;

③按住"Cal/Menu"键不放,直到出现" CAL"字样后松开该键,所需校准的砝码值会闪现。

④将校准砝码置于杯盘中央;

⑤当"0.00 g"闪现时,移去砝码。

⑥当天平闪现“ CAL done”,接着又出现“ 0.00 g”时,天平的校准结束。天平又回到称量工作方式,等待称量。

4)简单称量

①将样品放在秤盘上;

②等待,直到稳定指示符“。”消失;

③读取称量结果。

5)去皮

①将空容器放在天平秤盘上;

②显示其质量;

③单击“→O/T←”键;

④向空容器中加料,并显示净重。

如果将容器从天平上移去,去皮质量值会以负值显示,并一直保留到再次按“→O/T←”键或天平关机。

1.8.2 PHS-3C 型酸度计

酸度计,又称 pH 计,是测定液体 pH 值最常见的仪器之一。下面介绍的 PHS-3C 型 pH 计是一台精密数字显示 pH 计,它适用于测定水溶液的 pH 值和 mV(电位)值。

(1)仪器结构

PHS-3C 型酸度计的外观如图 1.26 所示。

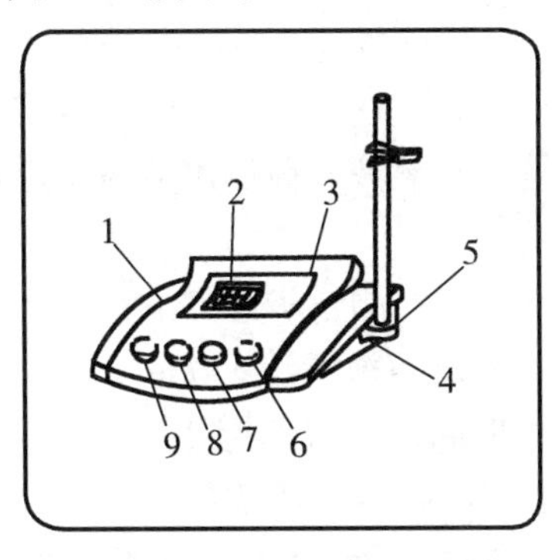

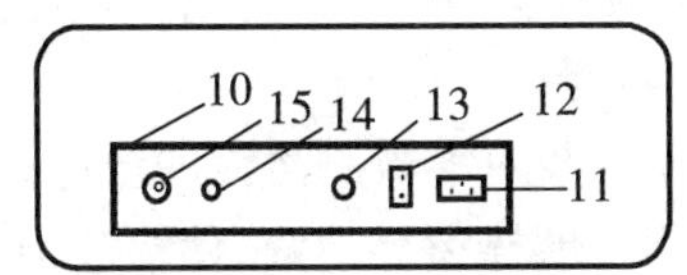

图 1.26 PHS-3C 型酸度计的外观示意图

1—机箱盖;2—显示屏;3—面板;4—机箱底;5—电极插座;6—定位调节旋钮;7—斜率补偿调节旋钮;8—温度补偿调节旋钮;9—选择开关旋钮(pH、mV);10—仪器后面板;11—电源插座;12—电源开关;13—保险丝;14—参比电极接口;15—测量电极插座

(2)操作步骤

1)开机

①电源线插入电源插座;

②按下电源开关,电源接通后,预热 30 min,接着进行标定。

2)标定

仪器使用前,要先标定。一般说来,仪器在连续使用时,要每天标定一次。

①将选择开关旋钮调到 pH 挡;

②调节温度补偿旋钮,使旋钮白线对准溶液温度值;

③将斜率调节旋钮顺时针旋到底(即调到 100% 位置);

④将用蒸馏水清洗过的电极插入 pH = 6.86 的缓冲溶液中;

⑤调节定位调节旋钮,使仪器显示读数与该缓冲溶液当时温度下的 pH 值一致(如用混合磷酸盐定位温度为10 ℃时,pH = 6.92);

⑥用蒸馏水清洗电极,再次插入 pH = 4.00(或 pH = 9.18)的标准缓冲溶液中,调节斜率旋钮使仪器显示读数与该缓冲液当时温度下的 pH 值一致;

⑦重复④—⑥,直至不用再调节定位或斜率两调节旋钮为止;

⑧仪器完成标定。

注意:①经标定后,定位调节旋钮及斜率调节旋钮不应再有变动。

②标定的缓冲溶液第一次应用 pH = 6.86 的溶液,第二次应用接近被测溶液 pH 值的缓冲液,如被测溶液为酸性,缓冲溶液应选 pH = 4.00;如被测溶液为碱性则选 pH = 9.18 的缓冲溶液。一般情况下,在 24 h 内仪器不需再标定。

2)测量 pH 值

经标定的溶液,即可用来测量被测溶液。被测溶液与标定溶液温度相同与否,直接影响测量步骤。

①被测溶液与标定溶液温度相同时,测量步骤如下:

A. 用蒸馏水清洗电极头部,用被测溶液清洗一次;

B. 把电极浸入被测溶液中,用玻璃棒将溶液搅拌均匀,在显示屏上读出溶液的 pH 值。

②被测溶液和标定溶液温度不同时,测量步骤如下:

A. 用蒸馏水清洗电极头部,用被测溶液清洗一次;

B. 用温度计测出被测溶液的温度;

C. 调节温度补偿调节旋钮,使白线对准被测溶液的温度;

D. 把电极插入被测溶液内,用玻璃棒搅拌溶液,使溶液均匀后读出该溶液的 pH 值。

3)测量电极电位值

①将离子选择电极(或金属电极)和参比电极夹在电极架上(电极夹选配);

②用蒸馏水清洗电极头部,用被测溶液清洗一次;

③把电极转换器的插头插入仪器后部的测量电极插座;把离子选择电极的插头插入转换器的插座处;

④把参比电极接入仪器后部的参比电极接口;

⑤把两种电极插在被测溶液内,将溶液搅拌均匀后,即可在显示屏上读出该离子选择电极的电极电位,还可自动显示正负极性。

⑥如果被测信号电位值超出仪器的测量范围,或测量端开路,则显示屏会不亮,作超载报警。

⑦使用金属电极测量电极电位时,用带夹子的 Q9 插头插接入测量电极插座,夹子与金属电极导线相接,参比电极接入参比电极接口。

1.8.3　DDS-307 型电导率仪

DDS-307 型电导率仪(以下简称“电导率仪”)是实验室测量水溶液电导率的必备仪器,它广泛地应用于石油化工、生物医药、污水处理、环境监测、矿山冶炼等行业及大专院校和科研单位。若配用适当常数的电导电极,还可用于测量电子半导体、核能工业和电厂纯水或超纯水的电导率。

(1)电导率仪结构

DDS-307 型电导率仪的外观如图 1.27 所示。

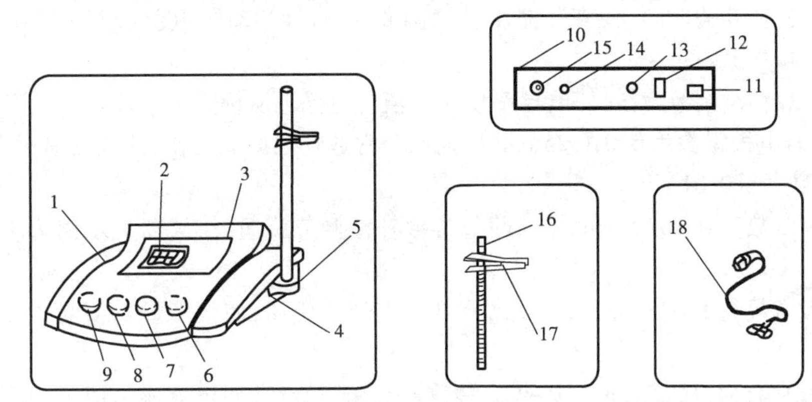

图 1.27　DDS-307 型电导率仪的外观示意图

1—机箱盖;2—显示屏;3—面板;4—机箱底;5—电极插座;6—温度补偿调节旋钮;7—校准调节旋钮;8—常数补偿调节旋钮;9—量程选择开关旋钮;10—仪器后面板;11—电源插座;12—电源开关;13—保险丝管座;14—输出插口;15—电极插座;16—电极;17—电极夹;18—电源线

(2)电导率仪的使用

1)开机

①电源线插入仪器电源插座,仪器必须良好接地。

②按下电源开关,接通电源,预热 30 min 后,进行校准。

2)校准

电导率仪使用前必须进行校准。

将量程选择开关旋钮指向“检查”,常数补偿调节旋钮指向“1”刻度线,温度补偿调节旋钮指向“25”刻度线,调节校准调节旋钮,使仪器显示 100.0 μS/cm,至此校准完毕。

3)测量

在电导率测量过程中,正确选择电导电极常数,对获得较高的测量精度非常重要。目前电导电极的电极常数有 0.01,0.1,1.0,10 这 4 种不同类型,但每种电极具体的电极常数值,制造厂均粘贴在每支电导电极上,使用时应根据电极上所标的电极常数值调节仪器面板常数补偿调节旋钮到相应的位置。用户应根据测量范围参照表 1.6 选择相应常数的电导电极。

表 1.6 测量范围与对应的电导电极常数

测量范围(μS/cm)	推荐使用的电导电极常数
0 ~ 2	0.01,0.1
0 ~ 200	0.1,1.0
200 ~ 2 000	1.0
2 000 ~ 20 000	1.0,10
20 000 ~ 200 000	10

注:对常数为 1.0,10 的电导电极有"光亮"和"铂黑"两种形式,镀铂电极习惯称作铂黑电极,对光亮电极其测量范围以 0 ~ 300 μS/cm 为宜。

常数补偿的设置方法如下:

①将量程选择开关指向"检查",温度补偿调节旋钮指向"25"刻度线,调节校准调节旋钮,使仪器显示 100.0 μS/cm。

②调节常数补偿调节旋钮,使电导率仪显示值与电极上所标数值一致。

例如:A. 若电极常数为 0.010 25 cm^{-1},则调节常数补偿调节旋钮,使仪器显示值为102.5。(测量值 = 读数值 ×0.01)。

B. 若电极常数为 0.102 5 cm^{-1},则调节常数补偿调节旋钮,使仪器显示值为 102.5。(测量值 = 读数值 ×0.1)。

C. 若电极常数为 1.025 cm^{-1},则调节常数补偿调节旋钮,使仪器显示值为 102.5。(测量值 = 读数值 ×1)。

D. 若电极常数为 10.25 cm^{-1},则调节常数补偿调节旋钮,使仪器显示值为 102.5。(测量值 = 读数值 ×10)。

温度补偿的设置方法是:调节仪器面板上的温度补偿调节旋钮,使其指向待测溶液的实际温度值,此时,测量得到的将是待测溶液经过温度补偿后折算为 25 ℃下的电导率值。

如果将温度补偿调节旋钮指向"25"刻度线,那么测量的将是待测溶液在该温度下未经补偿的原始电导率值。

常数补偿、温度补偿设置完毕,应将量程选择开关旋钮按表 1.7 置于合适位置。当测量过程中显示值熄灭时,说明测量值超出了量程范围,此时,应切换开关至上一挡量程。

表 1.7 量程范围与开关位置及被测电导率的对应关系

序号	选择开关位置	被测电导率(μS/cm)	量程范围(μS/cm)
1	Ⅰ	显示读数 × C	0 ~ 20.0
2	Ⅱ	显示读数 × C	20.0 ~ 200.0
3	Ⅲ	显示读数 × C	200.0 ~ 2 000
4	Ⅳ	显示读数 × C	2 000 ~ 20 000

注:C 为电导电极常数。

注意事项:

①在测量高纯水时应避免污染,最好采用密封、流动的测量方式。

②因温度补偿是采用固定的2%的温度系数补偿的,故对高纯水测量尽量采用不补偿方式进行测量后查表。

③为确保测量精度,电极使用前应用电导率小于0.5 μS/cm的蒸馏水(或去离子水)冲洗两次,然后再用被测试样冲洗3次方可测量。

④电极插头应绝对防止受潮,以免造成不必要的测量误差。

⑤电极应定期进行常数标定。

1.8.4　722s 可见分光光度计

722s可见分光光度计是一种简单易用的分光光度法通用仪器,能在340～1 000 nm波长范围内执行透射比、吸光度和浓度直读测定。该仪器以卤素灯为光源,使用非球面光源光路和CT光栅单色器;波长准确度为±2 nm,光谱带宽为6 nm;试样架可置4个比色皿,并配有RS232C串行电缆。本仪器由光源室、单色器、样品室、光电室、电子系统和4位LED显示窗组成。

(1)722s 可见分光光度计的外观及操作键

722s可见分光光度计的外观及操作键示意图如图1.28所示。

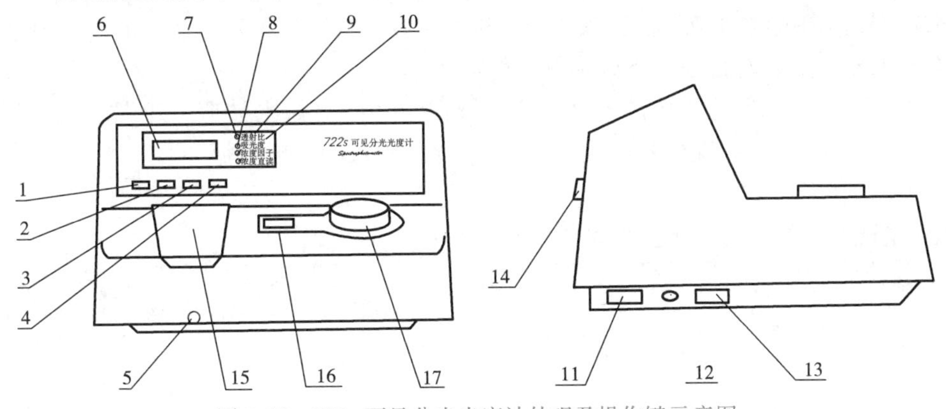

图1.28　722s可见分光光度计外观及操作键示意图

1—"↑100%T"键;2—"↓0%T"键;3—"功能"键;4—"模式"键;5—试样槽架拉杆;6—显示窗4位LED数字;7—"透射比"指示灯;8—"吸光度"指示灯;9—"浓度因子"指示灯;10—"浓度直读"指示灯;11—电源插座;12—熔丝座;13—总开关;14—RS232C串行接口插座;15—样品室;16—波长指示窗;17—波长调节钮

下面着重介绍几个按键的作用。

①"↑100%T"键:在"透射比"灯亮时用作自动调整100%T(一次未到位可加按一次);在"吸光度"灯亮时,自动调节吸光度0,(一次未到位加按一次);在"浓度因子"灯亮时,用作增加浓度因子设定,点按点动,持续按1 s后,进入快速增加,再按模式键后自动确认设定值;在"浓度自读"灯亮时,用作增加浓度直读设定,点按点动,持续按1 s后,进入快速增加,再按模式键后自动确认设定值。

②"↓0%T"键:在"透射比"灯亮时,用作自动调整0%T(调整范围小于10%T);在"吸光度"灯亮时不用,如按下则出现超载;在"浓度因子"灯亮时,用作减少浓度因子设定,操作方式同"↑/100%"键;在"浓度直读"灯亮时,用作减少浓度直读设定,操作方式同"↓/0%"键。

③"功能"键:预定功能扩展用键。按下时将当前显示值从RS232C口发送,可由上层PC

机接收或打印机接收。

④"模式"键:用作选择显示标尺,按"透射比"灯亮、"吸光度"灯亮、"浓度因子"灯亮、"浓度直读"灯亮次序,每按一次渐进一步循环。

(2)仪器的操作使用

1)仪器的基本操作

①预热:仪器开机后,灯及电子部分需热平衡,故开机预热30 min后才能进行工作,如需紧急应用请注意随时调0% T和100% T。

②调零:打开试样盖(关闭光门)或用不透光材料在样品室中遮断光路,然后按"↓0% T"键,即能自动调整零位。

③调整100% T:将用作背景的空白样品置入样品室光路中,盖下试样盖(同时打开光门)按下"↑100% T"键即能自动调整100% T(一次有误差时可加按一次)。

④调整波长:使用仪器上唯一的旋钮,即可方便地调整仪器当前测试波长,具体波长由旋钮左侧的显示窗显示,读取波长时目光垂直观察。

⑤改变试样槽位置让不同样品进入光路:用仪器前面的试样槽拉杆来改变,打开样品室盖以便观察样品槽中样品的位置。其中最靠近测试者的为"0"位置,然后依次为"1""2""3"位置。对应拉杆推向最内为"0"位置,依次向外拉出相应为"1""2""3"位置,当拉杆到位时有定位感,到位时请前后轻轻推动一下以确保定位正确。

⑥改变标尺:各标尺间的转换用"模式"键操作,并由"透射比""吸光度""浓度因子""浓度直读"指示灯分别指示,开机初始状态为"透射比",每按一次顺序循环。

2)应用操作

①测定透明材料的透射比。具体操作步骤如下所示。

7	调 100% T

↓

8	置入样品

↓

9	读出数据

②测定透明溶液的吸光度。具体操作步骤如下所示。

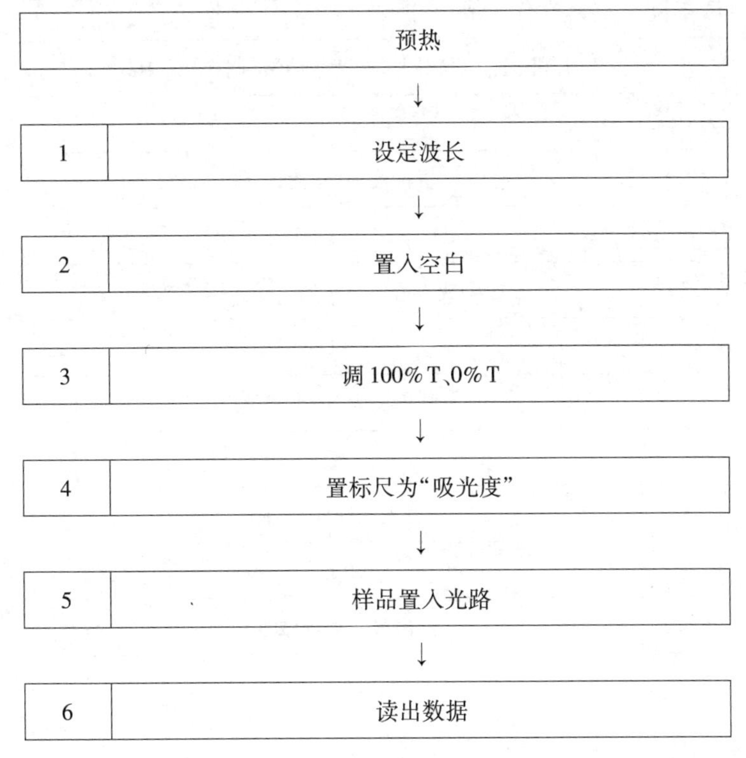

③直接使用浓度直读功能。

在对象分析规程比较稳定，标准曲线基本过原点的情况下，可不必采用手续较复杂的标准曲线法，而直接采用浓度直读法定量，本方法仅需配制一种浓度在要求定量浓度范围 2/3 左右的标准样品即可。具体操作步骤如下。

1	测出标准样品吸光度

↓

2	置标尺为“浓度直读”

↓

3	按↑或↓键使读数达已知含量(或已知含量值的 10 倍)

↓

4	置入未知样品溶液

↓

5	读出显示值即含量值(或含量值的 $10n$ 倍)

④直接使用浓度因子功能。

在执行第三步后如置标尺至“浓度因子”,则在显示窗中出现的数字即为这一标准样品的浓度因子。记录这一数据,在下次开机进行测试时,不必重测已知标准样品,只需重输入这一浓度因子即可直读浓度。具体操作步骤如下。

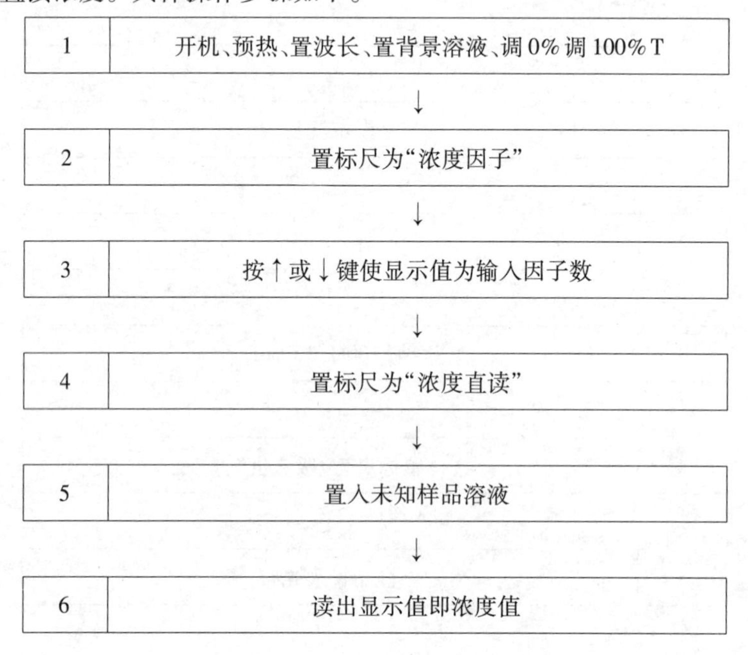

1
开机、预热、置波长、置背景溶液、调0%调100%T
2
置标尺为“浓度因子”
3
按↑或↓键使显示值为输入因子数
4
置标尺为“浓度直读”
5
置入未知样品溶液
6
读出显示值即浓度值

1.8.5 直流稳压稳流电源的使用方法

YDX 双路 30 V/3 A 直流稳压稳流电源的输出电压、输出电流都可以从零开始,连续可调,输出电压与输出电流在输出功率上建立了严格的欧姆定律。双路稳压稳流电源中的每一路都能独立工作,可以进行串、并联使用。

(1)仪器面板示意图

YDX 双路 30 V/3 A 直流稳压稳流电源面板示意图如图 1.29 所示。

(2)使用方法

1)恒压运行

①开机前将稳压调整旋钮逆时针旋到底,稳流调整旋钮顺时针旋到头。

②打开电源开关,顺时针慢慢调节稳压旋钮,使表上显示所需电压(此时检测开关置于 V)。

③关掉电源,按“+”“-”连接好负载,打开电源,稳压指示灯(红色)亮,设备处于稳压运行。此时输出电流大小可通过按下检测开关(置于 A)在表上显示出来。

④若想转换到稳流状态工作,只需将稳流旋钮逆时针慢慢旋转到稳流指示灯(绿色)亮,稳压指示灯(红色)熄灭即可。

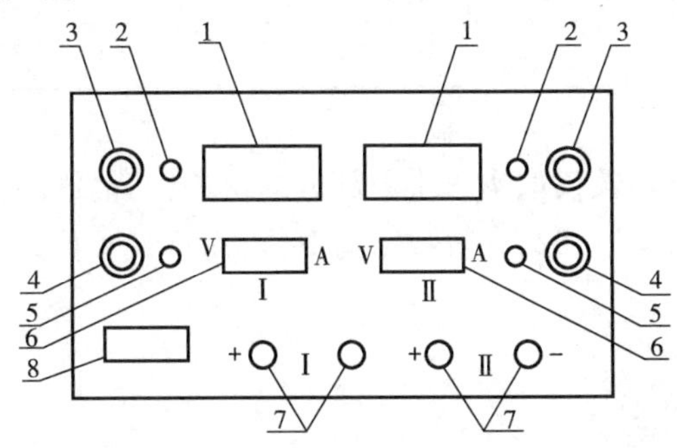

图1.29　YDX双路30 V/3 A直流稳压稳流电源面板示意图

1—显示器;2—稳压指示灯;3—调压旋钮;4—调流旋钮;

5—稳流指示灯;6—检测开关;7—输出;8—电源开关

2)恒流运行

①开机前,先将稳流旋钮逆时针旋到底,稳压旋钮顺时针旋到头。

②接好负载,然后打开电源开关,此时稳流指示灯(绿色)亮,检测开关置于A,观察输出电流的大小。

③慢慢顺时针调整稳流旋钮,使表上显示的电流数值到负载所需要的数值即可。

1.9　实验室数据的处理

1.9.1　有效数字及其运算规则

(1)有效数字

科学实验要得到准确的结果,不仅要求正确选用实验方法和实验仪器,而且要求正确记录实验数据。在实验中,数据可分为准确数值和近似数值。计算式中的分数、倍数、常数、原子量等都是准确数值,如I_2与$Na_2S_2O_3$反应,其物质的量之比为1∶2,这里的1和2均是准确数值。除准确数值外,在实验中一切测量得到的数值都是近似数值,称为有效数字,即从仪器刻度上准确读出的数字和一位估计读数。

有效数字不仅能表示数量的大小,而且能正确反映测量的准确度和仪器的精密度。例如某烧杯用台天平称,质量为15.3 g,这一数值中,“15”是准确的,最后一位“3”是估计的,可能有上下一个单位的误差,即其实际质量是15.3 g±0.1 g,台天平的精密度为0.1 g,它的有效数字是3位。该烧杯若用分析天平称,则质量为15.308 4 g,分析天平的精密度为0.000 1 g,它的有效数字是6位。

有效数字的位数是整数部分和小数部分位数的组合。这里特别要注意数字“0”,若数字“0”作为普通数字使用,它就是有效数字;若数字“0”表示小数点的位置,则不是有效数字。

例：

数　字	1.000 8	10.98%	1.34×10^{-10}	0.004 0	2×10^4	100
有效数字位数	5 位	4 位	3 位	2 位	1 位	不确定

pH 等对数的有效数字位数仅取决于小数部分的位数，其整数部分为 10 的幂数，只起定位作用，不是有效数字，如 pH = 11.02，有效数字为 2 位，而不是 4 位；$c_{H^+}=9.5\times10^{-12}$ mol/L，有效数字为 2 位。

(2) 有效数字的运算规则

1) 有效数字的修约

有效数字运算时，以"四舍五入"原则为依据进行数据处理，当尾数≤4 时，弃去；当尾数≥5 时，进位；也可按"四舍六入五留双"的原则进行处理，当尾数≤4 时，弃去；当尾数≥6 时，进位；尾数 = 5 时，如进位后得偶数，则进位，如弃去后为偶数，则弃去，根据此原则，若将 1.165 和 3.635 处理成三位有效数，则分别为 1.16 和 3.64。

2) 加减运算

加减运算结果的有效数字位数，是以绝对误差最大值定位数，即以小数点后位数最少的数据为依据。

运算时，首先确定有效数字保留的位数，弃去不必要的数字，然后再做加减运算。例如，6.13，7.230 5 及 0.105 相加时，首先考虑有效数字的保留位数。在这 3 个数中，6.13 的小数点后仅有两位数，其位数最少，故应以它为标准，取舍后是 6.13，7.23 和 0.10，具体计算见算式①(在不定值下面加一短横线来表示)。如果保留到小数点后 3 位，则具体计算见算式②。算式①的结果只有一位不定值，而算式②的结果有两位不定值。由于在有效数字规定中，只能有一位不定值，所以应按①式计算。

$$
① \quad \begin{array}{r} 6.1\underline{3} \\ 7.23 \\ 0.10 \\ \hline 13.4\underline{6} \end{array} \qquad ② \quad \begin{array}{r} 6.1\underline{3} \\ 7.230 \\ 0.10\underline{5} \\ \hline 13.4\underline{6}\underline{5} \end{array}
$$

3) 乘除运算

乘除运算结果的有效数字位数，是以相对误差最大值定位数，即运算结果的有效数字位数与运算数字中有效数字位数最少者相同，与小数点的位置或小数点后的位数无关。例如，$0.012\,1\times25.64\times1.057\,82=?$ 假定它们的绝对误差分别为 ±0.000 1，±0.01 和 ±0.000 01，那么这 3 个数值的相对误差分别是：

$$\frac{\pm0.000\,1}{0.012\,1}\times100\% = \pm0.8\%$$

$$\frac{\pm0.01}{25.64}\times100\% = \pm0.04\%$$

$$\frac{\pm0.000\,01}{1.057\,82}\times100\% = \pm0.000\,9\%$$

第一个数值的有效数字位数最少，仅有 3 位，其相对误差最大，应以它为标准来确定其他数值的有效数字位数。具体计算时，也是先确定有效数字的保留位数，然后再计算。其结果为：

$$0.0121 \times 25.64 \times 1.05782 = 0.0121 \times 25.6 \times 1.06 = 0.328$$

在乘除运算中，常会遇到 8 以上的大数，如 9.00，9.83 等。其相对误差约为 1‰，与 10.08，11.20 等四位有效数字数值的相对误差接近，所以通常将它们当作有四位有效数字来处理。

目前，使用计算器计算时结果数值的位数较多，虽然在运算过程中不必对每一步计算结果进行位数确定，但应注意正确保留计算结果最后的有效数字位数。

1.9.2　实验数据的处理

实验得到的数据往往较多，为了清晰明了地表示实验结果，形象直观地分析实验结果的规律，需要对实验数据进行处理。化学实验数据的处理方法主要有列表法和作图法。

(1) 列表法

列表法是将实验数据尽可能整齐地、有规律地表达出来，一目了然，便于处理和运算，列表时应注意以下几个问题：

①一张完整的表格应包含表的顺序号、表的名称、表中行或列数据的名称、单位和数据等内容。

②正确地确定自变量和因变量，一般先列自变量，再列因变量，然后将数据一一对应地列出。

③表中的数据应以最简单的形式表示，可将公共的指数放在行或列名称旁边。数据要排列整齐，按自变量递增或递减的次序排列，以便呈现变化规律。同一列数据的小数点应对齐。

④实验原始数据与实验处理结果可以并列在一张表上，处理方法和运算公式应在表中或表下注明。

(2) 作图法

作图法是将实验原始数据通过图线直观地表示出来的方法。根据图上的曲线，可方便地找出变化规律，找出极大值、极小值和转折点等，并能够进一步求解斜率、截距、外推值、内插值等。此外，根据多次测量数据绘制的曲线，可以发现和消除一些偶然误差。因此，作图法是一种非常重要的实验数据处理方法。但作图法也存在作图误差，作图技术直接影响实验结果的准确性，因此下面介绍用直角坐标纸作图的要点。

1) 坐标轴比例尺的选择原则

用直角坐标纸作图时，以自变量为横轴，因变量为纵轴，坐标轴比例尺的选择应遵循以下原则：

①坐标的比例和分度应与实验测量的准确度一致，即图上的最小分度应与仪器的最小分度一致，要能表示出全部有效数字。

②坐标纸每小格对应的数值应方便易读，一般采用 1，2，5 或 10 的倍数较好。

③横纵坐标原点不一定要从零开始，确定原点时，要充分利用图纸，提高图的准确度，若图形为直线或近乎直线的曲线，则应尽可能使直线与横坐标夹角接近 45°。

④图形的长、宽比例要适当，并力求表现出极大值、极小值、转折点等曲线的特殊性质。

2)实验点和图形的绘制

比例尺选定后,在横、纵坐标轴旁应标明轴变量的名称、单位及数值,以便标明实验点位置和绘制图形。

将实验原始数据画到图上,就是实验点。实验点可以用“○”“□”“⊙”“△”“×”等符号表示。若在一幅图上作多条曲线,应采用不同符号区分,并在图上说明。

在图纸上画好实验点后,就可根据实验点的分布情况绘制直线或曲线了。绘制的直线或曲线应尽可能接近或贯穿所有的点,且使线两边点的数目和点离线的距离大致相同。

3)图名和说明

图作好后应写上图的名称、主要测量条件(温度、压力和浓度等)、实验者姓名、实验日期等。

值得一提的是,由于目前计算机应用的普及,各种商业软件不断开发出来,其中有许多软件如 Word、Excel、Photoshop、Origin 等都能高质量地处理表格和图形,方便快捷,并能很好地符合数据处理的要求。

第 2 章
基本化学常数测定与反应原理实验

实验1　分析天平的使用及称量练习

1. 实验目的

①了解分析天平的构造、性能及使用规则，掌握分析天平的使用方法。
②学会正确的称量方法，初步掌握减量称量法。
③正确运用有效数字作称量记录和计算。

2. 实验原理

本实验采用电光分析天平和电子天平，物体质量可以精确称量到 0.1 mg。根据待称物质的性质不同，可采用直接称量法和减量称量法。

(1)直接称量法

对于不易吸湿、在空气中性质稳定的固体样品，如金属、矿物等可采用直接称量法。其方法是：先准确称出表面皿(或小烧杯、称量纸等)的质量 m_1，然后用药匙将一定量的样品置于表面皿上(图 2.1)，再准确称量出总质量 m_2，则 $m_2 - m_1$ 即为样品的质量；也可根据所需试样的质量，先放好砝码，再用药匙加样品，直至天平平衡。称量完毕，将样品全部转移到准备好的容器中。

(2)减量称量法

对于易吸湿、在空气中不稳定的样品宜用减量称量法进行称量。其方法是：先将待称样品置于洗净并烘干的称量瓶中，保存在干燥器中。称量时，从干燥器中取出称量瓶，准确称量，装有样品的称量瓶质量为 m_3，然后将称量瓶置于洗净的盛放试样的容器上方，用右手将瓶盖轻轻打开，将称量瓶倾斜，用瓶盖轻敲瓶口上方，使试样慢慢落入容器中(图 2.2)。当倾出的试样已接近所需要的质量时，慢慢将瓶竖起，再用称量瓶瓶盖轻敲瓶口上部，使粘在瓶口和内壁的试样落在称量瓶或容器中，然后盖好瓶盖(上述操作都应在容器上方进行，防止试样丢失)，将称量瓶再放回天平盘，准确称量，记下质量 m_4，则 $m_3 - m_4$ 即为样品的质量。如此继续进行，可称取多份试样。

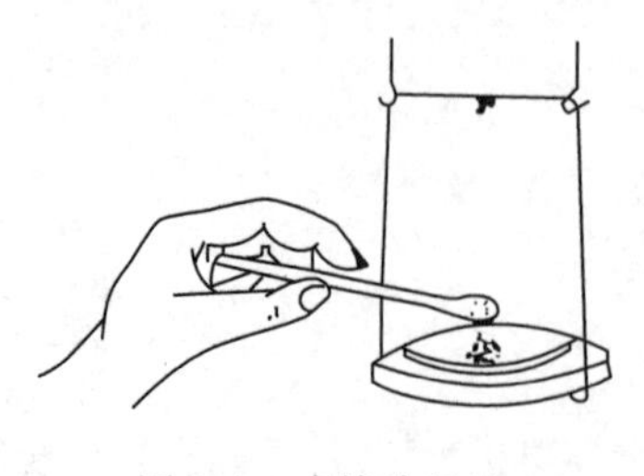

图 2.1　直接称量法

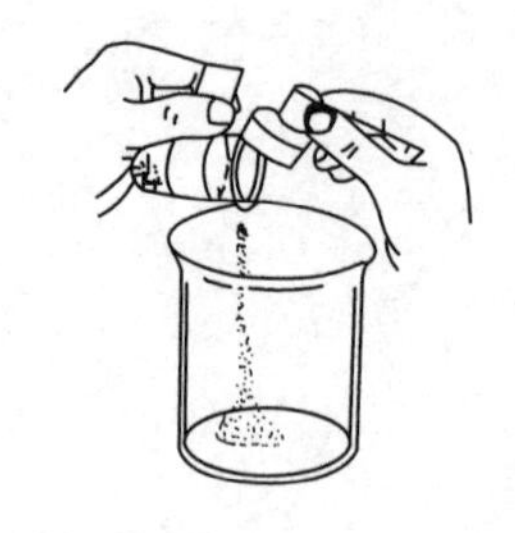

图 2.2　倾倒试样的方法

3. 仪器和试剂

仪器：电光分析天平，电子天平，台天平，称量瓶，烧杯(50 mL)，表面皿，药匙。

试剂：粉末试样(不吸湿，在空气中性质稳定)。

4. 实验内容

(1) 熟悉电光分析天平的结构和砝码

①了解电光分析天平的结构和各部件的位置。

②缓慢转动电光分析天平升降旋钮，观察标尺投影屏幕上的分度情况。

③熟悉砝码指数盘的读数，练习加减砝码操作。

(2) 熟悉电子天平的结构和功能键

①熟悉电子天平的结构。

②熟悉电子天平各功能键的功能。

(3) 电光分析天平性能的检定

1) 电光分析天平零点的测定

称量前先要检查电光分析天平是否处于水平状态、两盘是否洁净、砝码指数盘是否在 0.00 位置及环码有无脱落等。

电光分析天平零点的调整：零点调节接通电源，开启升降旋钮，此时在屏幕上可以看到标尺的投影在移动，当标尺稳定后，如果屏幕中央刻线与标尺上的 0.00 不重合，则要拨动升降旋钮下边的调屏拉杆，挪动屏幕的位置，直到刻线恰好与 0.00 重合，中央刻线与 0.00 重合时即为零点。如屏幕的位置已移动到尽头仍不能与 0.00 重合，则需通过天平梁上的平衡螺丝调节零点。

零点重复测定两次，取其平均值。

2) 电光分析天平灵敏度的测定

电光分析天平灵敏度的调整：先调整好零点，旋转指数盘，加上 10 mg 环码，观察投影屏幕中央刻线是否与标尺“-10”处刻线重合，若不重合，允许读数处在 -9.8 ~ 10.2 mg 范围内；若相差太大，则一定要在教师指导下，用重心螺丝调节，灵敏度调节好后需重新调整零点。

(4) 电光分析天平称量练习

①取一只洁净、干燥的小烧杯和一只从干燥器中取出的装有粉末试样的称量瓶在台天平上分别粗称其质量。

②缓慢开动电光分析天平，检查其工作是否正常，调零，关闭天平。

③在电光分析天平上精确称量小烧杯,记录其质量为 m_1。

称量时,加减砝码应由大到小,一挡一挡地加,加减砝码应按照"由大到小,折半加入"的原则进行,即后一次加减的砝码质量约为前一次加减的砝码质量的一半,以提高称量速度。在加减砝码时,应半开天平,从投影屏上观察标尺移动情况,直到天平平衡,从投影屏上读出数值为止,此时天平要全开。

④取出小烧杯(尽量保持小烧杯洁净),在电光分析天平上精确称量装有粉末试样的称量瓶,记录其质量为 m_2。

⑤取出称量瓶,按图2.2的操作,将试样慢慢倾入已称准质量的小烧杯中,要求倾出约0.5 g试样。然后,再准确称出称量瓶和剩余试样的质量,记为 m_3,则小烧杯中的试样质量为 m_2-m_3。

⑥在电光分析天平上精确称量装有试样的小烧杯,记录其质量为 m_4。试对比 m_4-m_1 与 m_2-m_3 之值。

倾样时,由于学生初次称量,缺乏经验,很难一次称准所要求的试样量,因此可以先试称,即第一次倾出少量试样,并在电光分析天平上粗称,根据粗称结果估计不足的量为倾出量的几倍,再继续倾出试样至所需的量,并准确称量。

例如:要求准确称量0.5 g左右试样,若第一次倾出0.24 g(此时不必称准至0.1 mg,为什么?),则第二次应倾出与第一次相当的量,其总量即在所需要量的范围内。

(5)电子天平称量练习

①将电子天平调零。

②取一只洁净、干燥的小烧杯置于电子天平内,读数稳定后,按去皮键。

③用药匙加入约0.5 g的试样后,关闭天平,记录其质量为 m_5。

④取出小烧杯,准确称量装有粉末试样的称量瓶,记录其质量为 m_6。

⑤取出称量瓶,按图2.2操作,将试样慢慢倾入一只洁净、干燥的小烧杯中,要求倾出约0.5 g试样;然后,再准确称出称量瓶和剩余试样的质量,记为 m_7,则小烧杯中的试样质量应为 (m_6-m_7)。

⑥实验完毕后,关闭天平,砝码复原位,将称量瓶放入干燥器内。

5. 实验数据记录及处理

(1)电光分析天平称量练习

称量项目	称物质量
小烧杯	$m_1=$ 　　　g
称量瓶+试样(倾出前)	$m_2=$ 　　　g
称量瓶+试样(倾出后)	$m_3=$ 　　　g
小烧杯+试样	$m_4=$ 　　　g
试样	$m_2-m_3=$ 　　　g
	$m_4-m_1=$ 　　　g

(2)电子天平称量练习

称量项目	称物质量
试样 1	$m_5 =$ g
称量瓶 + 试样(倾出前)	$m_6 =$ g
称量瓶 + 试样(倾出后)	$m_7 =$ g
试样 2	$m_6 - m_7 =$ g

6. 思考题

①分析天平的灵敏度越高,称量的准确性是否也越高?

②操作天平时,为什么要强调关闭天平后方可取放称量物或加减砝码?若未关闭就取放称量物或砝码会引起什么后果?

③直接称量法和减量称量法有何不同?各适用于什么情况?

④什么是天平的零点?与平衡点有无区别?

⑤为什么每次称量前都要测定零点?零点是否一定要在“0.00”处?若不在应如何处理最后的读数?

⑥称量时,若标尺负向移动,应加砝码还是减砝码?若标尺正向移动,又应如何处理?

⑦在称量中如何运用优选法较快地确定物体的质量?加砝码为什么必须由大到小?

⑧用减量称量法称样时,若称量瓶内的试样吸湿,则会对称量结果造成什么影响?若试样倾入烧杯后再吸湿,对称量是否有影响?为什么?(此问题是指一般的称量情况)

⑨电子天平各功能键的功能是什么?

⑩电光分析天平和电子天平的称量有什么区别?

实验2 酒精喷灯的使用和简单玻璃仪器的加工

1. 实验目的

①了解酒精喷灯的构造,学会正确使用酒精喷灯;

②了解正常火焰各部分温度的高低;

③练习玻璃棒和玻璃管的截断、弯曲、拉细,以及滴管的制作等基本操作。

2. 实验原理

有关酒精喷灯的构造、火焰性质、使用方法以及玻璃仪器的加工参见基本操作部分。

3. 仪器

酒精喷灯、玻璃棒、玻璃管、三角锉刀或砂轮片、石棉网、硬纸片、滴头、火柴。

4. 实验内容

(1) 酒精喷灯的使用

①拆、装酒精喷灯以弄清其构造。

②酒精喷灯的点燃及火焰的调节。

在酒精喷灯的灯壶中加入酒精。关小灯的空气入口，在预热盆中加满酒精并点燃，等酒精燃烧完并将灯管炽热后，用火柴将灯点燃。调节灯的空气进入量，使火焰燃烧正常。

(2) 简单玻璃仪器的加工

1) 制作搅拌棒、玻璃钉

截取一根长约 150 mm、直径 4 ~5 mm 的玻璃棒，断口熔烧至圆滑。

制作一根长约 130 mm 的玻璃钉搅拌棒。

2) 弯曲玻璃管

截取一根长约 200 mm 的玻璃管，在其长度的 1/3 处弯成 90°。

3) 制作滴管

制作一根长约 150 mm、尖嘴直径 1.5 ~2.0 mm 的滴管。

熔烧滴管小口时稍微烧一下即可，否则尖嘴会收缩，甚至封死。滴管粗的一端截面烧熔后，立即垂直地在石棉网上轻轻地压一下，使管口变厚。冷却后套上橡皮帽，即制成滴管。

5. 思考题

①为什么要将酒精喷灯灯管烧热?

②加热器皿时，应用火焰的哪一部分最好?

实验 3　溶液的配制与标定

1. 实验目的

①学会配制一定浓度的标准溶液;

②进一步练习天平、滴定管、容量瓶、移液管的操作;

③初步掌握酸碱指示剂的选择方法。

2. 实验原理

根据溶液所含溶质是否确知，溶液可分为两种，一种是浓度准确已知的溶液，称为标准溶液，这种溶液的浓度可准确表示出来(有效数字一般为 4 位或 4 位以上)。另一种是浓度不确知的溶液，称为一般溶液，这种溶液的浓度一般用 1 ~2 位有效数字表示。

配制标准溶液的方法有两种:直接法和标定法。

直接法:准确称量基准物质，用少量的水溶解，移入容量瓶中直接配成一定浓度的标准溶液。用直接法配制溶液必须要用基准物质配制，作为基准物质必须符合以下要求:a. 物质的组成与化学式相符;若含结晶水，例如 $H_2C_2O_4 \cdot 2H_2O$，其结晶水的含量也与化学式相符。b. 试剂应稳定、纯净，要使用分析纯以上的试剂。c. 基准物参加反应时，应按反应式定量进行。另外，基准物质最好有较大的摩尔质量，这样，配制一定浓度的标准溶液时，称取基准物较多，称量的相对误差较小。常用的基准物质有草酸、氯化钠、无水碳酸钠、重铬酸钾等。

标定法：浓盐酸因含有杂质而且易挥发，氢氧化钠易吸收空气中水分和 CO_2，因此它们均非基准物质，因而不能直接配制成标准溶液，需先配制成近似浓度的溶液，然后用其他基准物质进行滴定。滴定终点可借助指示剂的颜色变化来确定：强碱滴定酸时，常以酚酞为指示剂；而强酸滴定碱时，常以甲基橙为指示剂。

用 $H_2C_2O_4 \cdot 2H_2O$ 标定 NaOH 溶液，反应方程式如下：

$$2NaOH + H_2C_2O_4 = Na_2C_2O_4 + 2H_2O$$

由反应可知，1 mol $H_2C_2O_4 \cdot 2H_2O$ 和 2 mol NaOH 完全反应，达等量点时，溶液呈碱性，可选用酚酞作指示剂。

3. 仪器和试剂

(1) 仪器

分析天平，量筒(10 mL)，碱式滴定管(50 mL)，酸式滴定管(50 mL)，250 mL 锥形瓶 3 个，带玻璃塞和胶塞的 500 mL 试剂瓶各 1 个，100 mL 容量瓶，25 mL 移液管。

(2) 试剂

浓盐酸，固体 NaOH，固体 $H_2C_2O_4 \cdot 2H_2O$，0.2% 酚酞乙醇溶液。

4. 实验内容

(1) 一般溶液的配制

1) 0.1 mol/L HCl 溶液的配制

用洁净的 10 mL 量筒量取浓盐酸 4.5 mL，倒入事先已加入少量蒸馏水的 500 mL 洁净的试剂瓶中，用蒸馏水稀释至 500 mL，盖上玻璃塞，摇匀，贴好标签。

2) 0.1 mol/L NaOH 溶液的配制

用洁净的 10 mL 量筒量取 4.0 mL 50% 的 NaOH 上清液，倒入 500 mL 洁净的试剂瓶中，用蒸馏水稀释至 500 mL，盖上橡胶塞，摇匀，贴好标签。

标签上写明试剂名称、浓度、配制日期、专业、姓名。

(2) 标准溶液的配制

1) 直接法

配制 0.05 mol/L 的草酸标准溶液：准确称取草酸($H_2C_2O_4 \cdot 2H_2O$)约 0.64 g(精确到 0.000 1 g)于小烧杯中，用少量蒸馏水溶解后定量转入 100 mL 容量瓶内，用少量水洗涤烧杯数次，洗液也全部转入容量瓶，定容，加水稀释至刻度，摇匀，计算草酸溶液的准确浓度。

2) 标定法

NaOH 溶液浓度的标定：

①取一支洗净的碱式滴定管，先用蒸馏水淋洗 3 遍，再用 NaOH 溶液淋洗 3 遍，每次都要将滴定管放平、转动，最后从尖嘴放出。注入 NaOH 溶液到“0“刻度以上，赶走橡皮管和尖嘴部分的气泡，再调整管内液面的位置恰好在“0.00”刻度处。

②取一支洗净的 25 mL 吸管，用蒸馏水和标准草酸溶液各淋洗 3 遍。移取 25.00 mL 标准

草酸溶液于洁净锥形瓶中，加入2～3滴酚酞指示剂，摇匀。

③右手持锥形瓶，左手挤压滴定管下端玻璃珠处橡皮管，在不停地轻轻旋转摇荡锥形瓶的同时，以“连滴不成线、逐滴加入、液滴悬而不落”的原则和顺序滴入 NaOH 溶液。碱液滴入酸中时，局部会出现粉红色，随着摇动，粉红色很快消失。当接近滴定终点时，粉红色消失较慢，此时每加一滴碱液都要摇均匀。锥形瓶中出现的粉红色半分钟内不消失，则可认为已达终点（在滴定过程中，碱液可能溅到锥形瓶内壁上，因此快到终点时，应该用洗瓶冲洗锥形瓶的内壁，以减少误差）。记下滴定管中液面位置的准确读数。

④再重复滴定两次。3次所用 NaOH 溶液的体积相差不超过0.05 mL 即可取平均值计算 NaOH 溶液的浓度。

5. 实验数据记录与计算

①根据下式计算 $H_2C_2O_4 \cdot 2H_2O$ 溶液的浓度：

$$c(H_2C_2O_4 \cdot 2H_2O) = \frac{m(H_2C_2O_4 \cdot 2H_2O)}{V(H_2C_2O_4 \cdot 2H_2O) \times M(H_2C_2O_4 \cdot 2H_2O)}$$

式中 $m(H_2C_2O_4 \cdot 2H_2O)$——准确称取的 $H_2C_2O_4 \cdot 2H_2O$ 的质量，g；

$V(H_2C_2O_4 \cdot 2H_2O)$——所配溶液的体积，mL；

$M(H_2C_2O_4 \cdot 2H_2O)$——$H_2C_2O_4 \cdot 2H_2O$ 的摩尔质量，g/mol；

$c(H_2C_2O_4 \cdot 2H_2O)$——$H_2C_2O_4 \cdot 2H_2O$ 标准溶液的准确浓度，mol/L。

②根据下式计算 NaOH 溶液的浓度：

$$c(NaOH) = \frac{c(H_2C_2O_4 \cdot 2H_2O) \cdot V(H_2C_2O_4 \cdot 2H_2O)}{V(NaOH)}$$

式中 $c(H_2C_2O_4 \cdot 2H_2O)$——参与反应的 $H_2C_2O_4 \cdot 2H_2O$ 的摩尔浓度，mol/L；

$V(H_2C_2O_4 \cdot 2H_2O)$——参与反应的 $H_2C_2O_4 \cdot 2H_2O$ 的体积，mL；

$V(NaOH)$——滴定时消耗的 NaOH 溶液的体积，mL；

$c(NaOH)$——所求 NaOH 标准溶液的准确浓度，mol/L。

将实验中测得的有关数据填入下表：

NaOH 溶液的标定

指示剂：________

测定次数	1	2	3
$H_2C_2O_4 \cdot 2H_2O$ 标准溶液的浓度/($mol \cdot L^{-1}$)			
参与反应的 $H_2C_2O_4 \cdot 2H_2O$ 标准溶液的体积 V/mL			
参与反应的 $H_2C_2O_4 \cdot 2H_2O$ 标准溶液的物质的量 /mol			
消耗的 NaOH 溶液的体积 V/mL			
NaOH 溶液的浓度 c/($mol \cdot L^{-1}$)			
NaOH 溶液的平均浓度/($mol \cdot L^{-1}$)			

6. 思考题

①滴定管和吸管为什么要用待量取的溶液润洗几遍？锥形瓶是否也要用同样的方法

润洗?

②以下情况对标定 NaOH 溶液浓度有何影响?

a. 滴定前没有赶尽滴定管中的气泡。

b. 滴定完后,尖嘴内有气泡。

c. 滴定完后,滴定管尖嘴外挂有液滴。

d. 滴定过程中,往锥形瓶内加少量蒸馏水。

③准确称取的基准物质,需加 30 mL 水溶解,水的体积是否要准确量取,为什么?

实验4　化学反应焓变的测定

1. 实验目的

①了解化学反应焓变的测定原理,学会焓变的测定方法;

②熟练掌握精密温度计的使用方法。

2. 实验原理

化学反应通常是在等压条件下进行的,此时,化学反应的热效应就叫作等压热效应 Q_p。在化学热力学中,热效应用反应焓的变化量 ΔH 来表示,简称为焓变。为了有一个比较的统一标准,通常规定 100 kPa 为标准压力,记为 $P^{\ominus}$。在标准压力和一定温度下,纯物质的物理状态称为热力学标准态,简称标准态。在标准态下,化学反应的焓变称为化学反应的标准焓变,用 $\Delta_r H^{\ominus}$ 表示,其中下标"r"表示一般的化学反应,上标"$\ominus$"表示标准状态。在实际工作中,许多重要的数据都是在 298.15 K 下测定的,所以通常将 298.15 K 下的化学反应的焓变记为 $\Delta_r H^{\ominus}$(298.15 K)。

本实验测定的是固体物质锌粉和硫酸铜发生置换反应的化学反应焓变:

$$Zn(s) + CuSO_4(aq) = ZnSO_4(aq) + Cu(s) \quad \Delta_r H_m^{\ominus}(298.15K) = -217\ kJ/mol$$

这个热化学方程式表示:在标准状态下,发生了一个单位的反应,即 1 mol Zn 与 1 mol $CuSO_4$ 发生置换反应生成 1 mol $ZnSO_4$ 和 1 mol Cu,此时的化学反应的焓变 $\Delta_r H_m^{\ominus}$(298.15 K)称为 298.1 5 K时的标准摩尔焓变,单位为 kJ/mol。

测定化学反应热效应的仪器称为量热计。对于一般溶液反应的摩尔焓变,可用图 2.3 所示的"保温杯式"量热计来测定。

在实验中,若忽略量热计的热容,则可根据已知溶液的比热容、溶液的密度、浓度、实验中所取溶液的体积和反应过程中(反应前和反应后)溶液的温度变化,求得上述化学反应的摩尔焓变。计算公式如下:

$$\Delta_r H_m\{(273.15 + t)K\} = -\Delta T \cdot c \cdot \rho \cdot V \cdot \frac{1}{\Delta\xi} \cdot \frac{1}{1\ 000}$$

式中　$\Delta_r H_m\{(273.15 + t)K\}$——在实验温度(273.15 + t)K 时的化学反应摩尔焓变,kJ/mol;

ΔT——反应前后溶液温度的变化,K;

c——$CuSO_4$ 溶液的比热容,J/(g·K);

ρ——$CuSO_4$ 溶液的密度,g/L;

V——$CuSO_4$ 溶液的体积,L;

$\Delta\xi$——反应进度变,mol;$\Delta\xi = \dfrac{\Delta n(CuSO_4)}{v(CuSO_4)}$。

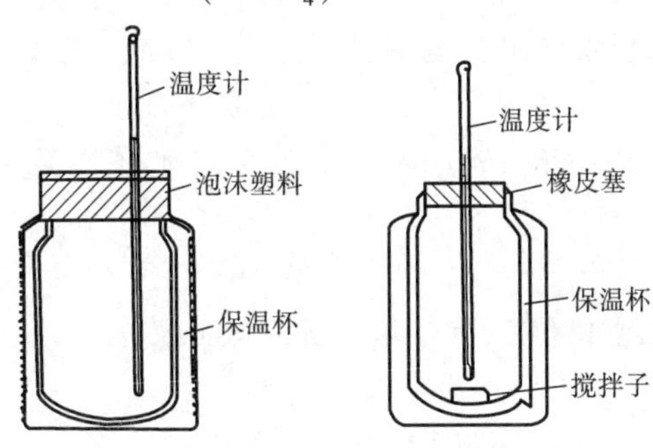

图2.3　“保温杯式”简易量热计示意图

3. 仪器和试剂

(1)仪器

分析天平,台天平,量热器,精密温度计(-5~50 ℃,0.1 ℃刻度),移液管(50 mL),洗耳球,移液管架,磁力搅拌器,称量纸。

(2)试剂

Zn粉(A.R.),0.200 0 mol/L $CuSO_4$溶液。

取比所需量稍多的 $CuSO_4 \cdot 5H_2O$ 晶体(A.R.)于一干净的研钵中研细后,倒入称量瓶或蒸发皿中,再放入电热恒温干燥箱中,在低于60 ℃的温度下烘1~2 h,取出,冷至室温,放入干燥器中备用。

在分析天平上准确称取研细、烘干的 $CuSO_4 \cdot 5H_2O$ 晶体49.936 g于一只250 mL的烧杯中,加入约150 mL的去离子水,用玻璃棒搅拌使其完全溶解,再将该溶液倾入1 000 mL容量瓶中,用去离子水将玻璃棒及烧杯漂洗2~3次,洗涤液全部倒入容量瓶中,最后用去离子水稀释到刻度,摇匀。

取该 $CuSO_4$ 溶液 25.00 mL 于 250 mL 锥形瓶中,将 pH 值调到 5.0,加入 10 mL $NH_3 \cdot H_2O$—NH_4Cl缓冲溶液,加入8~10滴PAR指示剂[①],4~5滴亚甲基蓝指示剂,摇匀,立即用EDTA标准溶液滴定到溶液由紫红色转为黄绿色时为止。

4. 实验内容

用50 mL移液管准确移取200.00 mL的0.200 0 mol/L $CuSO_4$溶液,注入已经洗净、擦干的量热计中,盖紧盖子,在盖子中央插一支最小刻度为0.1 ℃的精密温度计。

双手扶正、握稳量热计的外壳,不断摇动或旋转搅拌子(转速一般为200~300 r/min),每

① PAR指示剂,化学名称为4-(2-吡啶偶氮)间苯二酚,结构式为:

(结构式: O、N、—N═N—、H)

隔0.5 min记录一次温度，直至量热计内 $CuSO_4$溶液的温度与量热计温度达到平衡且温度计指示的数值保持不变为止（一般约需3 min）。

用台天平称取Zn粉3.5 g。启开量热计的盖子，迅速向 $CuSO_4$溶液中加入称量好的Zn粉，立即盖紧量热计盖子，不断摇动量热计或旋转搅拌子，同时每隔0.5 min记录一次温度，一直到温度上升至最高位置，仍继续进行测定直到温度下降或不变后，再测定记录3 min，测定方可终止。

倾出量热计中反应后的溶液时，若用磁力搅拌器，小心不要丢失所用的搅拌子。

5. 实验数据的记录与处理

(1) 反应时间与温度的变化（每0.5 min记录一次）

室温 t/℃

$CuSO_4$溶液的浓度 $c(CuSO_4)/(mol \cdot L^{-1})$

溶液的密度 $\rho(CuSO_4)/(mol \cdot L^{-1})$

反应进行的时间 M/min	
温度计指示值 $T_{温}$/℃	
温度 $T/(273.15+t)K$	

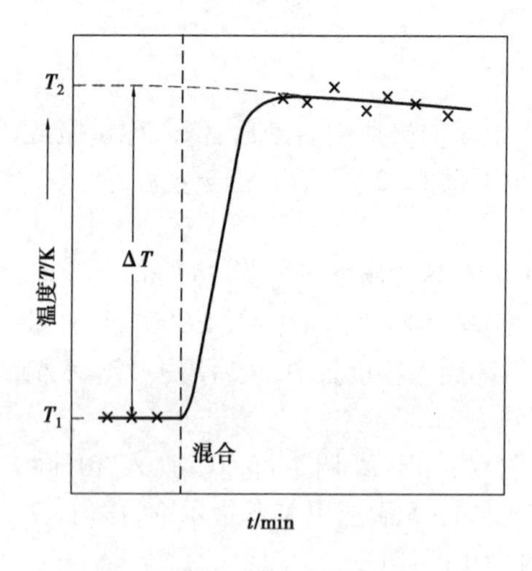

图2.4　反应时间与温度变化的关系

$CuSO_4$溶液的比热容 $c = 4.18$ J/(g·K)

(2) 作图求 ΔT

由于量热计并非严格绝热，在实验时间内，量热计不可避免地会与环境发生少量热交换。用作图推算的方法（图2.4）可适当地消除这一影响。

(3) 实验误差的计算及误差产生原因的分析

6. 思考题

①为什么本实验所用的 $CuSO_4$溶液的浓度和体积必须准确，而实验中所用的Zn粉却用台天平称量？

②在计算化学反应焓变时，温度变化的数值，为什么不采用反应前（$CuSO_4$溶液与Zn粉混合前）的平衡温度与反应后（$CuSO_4$溶液与Zn粉混合）的最高温度之差，而必须采用 t—T 曲线外推法得到的 ΔT？

③本实验中对所用的量热器、温度计有什么要求？是否允许反应器内残留洗液或水？为什么？

实验 5　醋酸电离常数的测定

1. 实验目的

①练习标定溶液浓度的基本操作；

②进一步加深对弱电解质电离平衡概念的理解；

③了解弱酸电离度和电离常数的测定原理和方法；

④学会正确使用 pHs-3c 酸度计、滴定管及移液管。

2. 实验原理

(1)醋酸溶液浓度的标定

在容量分析中，物质的溶液浓度的标定计算，依据的是“反应的等物质的量规则”。该规则指出：在反应中所消耗的反应物 A 的物质的量 $n(\mathrm{A})$ 等于反应中所消耗的反应物 B 的物质的量 $n(\mathrm{B})$。

对于给定的反应

$$a\mathrm{A} + b\mathrm{B} = g\mathrm{G} + d\mathrm{D}$$

即有

$$n(\mathrm{A}) = n(\mathrm{B})$$

在本实验中，是用 HAc 溶液中和滴定 NaOH 的标准溶液，其反应式为：

$$\mathrm{HAc(aq) + NaOH(aq) = NaAc(aq) + H_2O(l)}$$

在滴定刚刚到达终点时，则有

$$n(\mathrm{HAc}) = n(\mathrm{NaOH})$$

即

$$c(\mathrm{HAc})V(\mathrm{HAc}) = c(\mathrm{NaOH})V(\mathrm{NaOH})$$

这样就可以求出 HAc 溶液的浓度为：

$$c(\mathrm{HAc}) = c(\mathrm{NaOH})V(\mathrm{NaOH})/V(\mathrm{HAc})$$

这里物质溶液的浓度单位为 mol/L；物质溶液的体积单位为 L。

(2)pH 值法测定醋酸电离常数

[illegible]液中存在如下电离平衡：

	$\mathrm{HAc} \rightleftharpoons$	$\mathrm{H^+}$ +	$\mathrm{Ac^-}$
[illegible]/$(\mathrm{mol \cdot L^{-1}})$	c	0	0
[illegible]衡浓度/$(\mathrm{mol \cdot L^{-1}})$	$c - c\alpha$	$c\alpha$	$c\alpha$

其电离平衡常数表达式为：

$$K_{\mathrm{HAc}} = \frac{c(\mathrm{H^+}) \cdot c(\mathrm{Ac^-})}{c(\mathrm{HAc})} = \frac{c\alpha \cdot c\alpha}{c - c\alpha}$$

$$K_{\mathrm{HAc}} = \frac{c\alpha^2}{1 - \alpha}$$

式中　K_{HAc}——醋酸的电离常数；

c——醋酸溶液的原始浓度，mol/L；

α——醋酸的电离度。

在一定温度下，用pH酸度计测得一系列已知不同浓度的醋酸溶液的pH值，根据 $pH = -\lg\{c(H^+)/c^\ominus\}$，换算出各不同浓度的醋酸溶液中的 $c(H^+)$，再根据 $c(H^+) = c\alpha$，$\alpha = \{c(H^+)/c\} \times 100\%$，方可求得各不同浓度的醋酸溶液的电离度 α 值。最后根据 $K_{HAc} = c\alpha^2/(1-\alpha)$，求得一系列对应的电离常数 K_{HAc}，取其平均值，即为该温度下的醋酸电离常数。

3. 仪器和试剂

(1) 仪器

酸式滴定管(50 mL)，碱式滴定管(50 mL)，锥形瓶2个(250 mL)，洗瓶，移液管(25 mL)，小烧杯4只(50 mL)，滴定台，滴定管夹，移液管架，洗耳球，pHs-3c酸度计，温度计(0~100 ℃)，小玻璃棒。

(2) 试剂

0.1 mol/L HAc溶液，0.100 0 mol/L NaOH溶液，酚酞指示剂，20 ℃时pH=4.00的标准缓冲溶液。

4. 实验内容

(1) 醋酸溶液浓度的标定

①用移液管准确移取25.00 mL NaOH(0.100 0 mol/L)标准溶液2份分别放入2只250 mL的锥形瓶中，各加入2滴酚酞指示剂。

②在50 mL的酸式滴定管中装入待标定的HAc(0.1 mol/L)溶液，并用该溶液滴定标准NaOH溶液至酚酞指示剂的红色恰好消失为止。

③分别准确读取并记录滴定前和滴定终点时滴定管中HAc溶液的体积，算出滴定消耗的HAc溶液的体积，进而求出HAc溶液的准确浓度。

(2) pH值法测定醋酸电离常数

①取4只洗净烘干的50 mL小烧杯依次编成1#—4#。

②从酸式滴定管中分别向1#，2#，3#，4#小烧杯中准确放入32.00 mL，16.00 mL，8.00 mL，4.00 mL实验(1)中已准确标定过的HAc溶液。

③用碱式滴定管分别向2#，3#，4#小烧杯中准确放入16.00 mL，24.00 mL，28.00 mL蒸馏水，并用小玻璃棒将杯中溶液搅混均匀。

④用酸度计依次测定4#—1#小烧杯中醋酸溶液的pH值，并如实正确记录测定数据。

5. 实验数据的记录与处理

(1)“醋酸溶液浓度的标定”的数据记录和处理

项　目	数据记录	
	1	2
滴定到终点时 HAc 溶液的体积	V_2 = ______ mL	V_2 = ______ mL
滴定开始前 HAc 溶液的体积	V_1 = ______ mL	V_1 = ______ mL
滴定中消耗的 HAc 溶液的体积	$V(HAc)$ = ______ mL	$V(HAc)$ = ______ mL
HAc 溶液的浓度	$c(HAc)$ = 　　mol/L	

(2)“pH 值法测定醋酸电离常数”的数据记录和处理

醋酸溶液的原始浓度:$c(HAc)$ = ____ mol/L,实验时的室温 = ____℃

烧杯编号	HAc 溶液的体积 $V(HAc)$ /mL	H_2O 的体积 $V(H_2O)$ / mL	配制的 HAc 溶液的浓度 $c(HAc)$ /($mol \cdot L^{-1}$)	pH	H^+浓度 $c(H^+)$ /($mol \cdot L^{-1}$)	醋酸电离度 α/%	HAc 电离平衡常数 $K_{HAc}=\frac{c\alpha^2}{1-\alpha}$
1							
2							
3							
4							
醋酸电离平衡常数 K_{HAc} = ______							

6. 思考题

①锥形瓶是用来装 NaOH 溶液的，事先要不要用 NaOH 溶液来润洗？为什么？移液管是用来移取 NaOH 溶液的，事先要不要用 NaOH 溶液来润洗？为什么？

②不同浓度的 HAc 溶液的电离度是否相同？电离常数是否相同？

③使用酸度计的主要步骤有哪些？

实验6　氧化还原与电化学

1. 实验目的

①加深对原电池、电极电势的理解；
②应用电极电势判断物质氧化还原能力的相对强弱；
③了解测定原电池电动势和电对电极电势的方法及影响电极电势的因素；
④了解金属腐蚀的基本原理及一般防止金属腐蚀的方法。

2. 实验原理

电极电势的相对大小可以定量地衡量氧化态或还原态物质在水溶液中的氧化或还原能力的相对强弱。电对的电极电势代数值越大，氧化态物质的氧化能力越强，对应的还原态物质的还原能力越弱；反之亦然。

水溶液中自发进行的氧化还原反应的反应方向可根据电极电势数值加以判断。在自发进行的氧化还原反应中，氧化剂电对的电极电势代数值应大于还原剂电对的电极电势代数值。

Nernst 方程式反映了电极反应中离子浓度与电极电势的关系：

$$E_{(电极)} = E^{\ominus}_{(电极)} + \frac{RT}{zF}\ln\frac{c(氧化态)/c^{\ominus}}{c(还原态)/c^{\ominus}}$$

当 $T=298.15$ K 时，将 R、F 值代入上式，Nernst 公式则可写成：

$$E_{(电极)} = E^{\ominus}_{(电极)} + \frac{0.059\ 2}{z}\lg\frac{c(氧化态)/c^{\ominus}}{c(还原态)/c^{\ominus}}$$

对有 H^+ 或 OH^- 参加电极反应的电对，还必须考虑 pH 值对电极电势和氧化还原反应的影响。例如，$K_2Cr_2O_7$ 在酸性介质中表现出强氧化性，能被还原为 Cr^{3+}，然而在中性溶液中就不易表现出强氧化性。

原电池由正、负极组成，其电动势 E 大小与组成原电池的正极的电极电势 E_+ 和负极的电极电势 E_- 的大小有关：$E=E_+-E_-$。

原电池电动势 E 可用实验手段测量。本实验采用酸度计（由于酸度计的内阻极大，测量时回路中电流强度极小，原电池的内压降近似为零，测得的外电压降就可近似地作为原电池的电动势）测量原电池电动势。

金属常因与介质接触发生化学反应或因形成原电池发生电化学作用而被破坏。化学反应引起的破坏一般只发生在金属表面，而电化学作用引起的破坏不仅发生在金属表面，还可以发生在金属内部，因此电化学腐蚀对金属的危害更大。防止金属被腐蚀的方法之一是使金属与介质隔开。例如，在金属表面涂漆，为金属镀上耐腐蚀性能良好的金属或合金，使金属表面形成一层致密的氧化膜或磷化膜等。电化学防腐法（如阴极保护法）和缓蚀剂法（在腐蚀介质中加入能防止或延缓腐蚀过程的物质），也是常用的防腐蚀方法。

3. 仪器和试剂

(1)仪器

试管、pHs-3c 酸度计、锌电极、铜电极、甘汞电极、盐桥、烧杯(100 mL)2 个、烧杯(50 mL)、玻璃棒、表面皿。

(2)试剂

1 mol/L H_2SO_4,3 mol/L H_2SO_4,0.1 mol/L HCl,6 mol/L NaOH,6 mol/L $NH_3 \cdot H_2O$,0.1 mol/L $FeCl_3$,0.1 mol/L $FeSO_4$,0.1 mol/L KBr,0.1 mol/L $KMnO_4$,0.1 mol/L KI,饱和 $KClO_3$溶液,0.100 0 mol/L $CuSO_4$,0.100 0 mol/L $ZnSO_4$,淀粉溶液,1% 酚酞指示剂。1 mol/L NaCl,0.1 mol/L $K_3[Fe(CN)_6]$,碘水,溴水,氯水,CCl_4,0.1 mol/L Na_2SO_3,Zn 片,铜丝,Fe 片,铁钉,六次甲基四胺溶液,滤纸,pH 试纸,0.1 mol/L $SnCl_2$。

4. 实验内容

(1)应用电极电势比较氧化性或还原性的相对强弱

①根据实验室准备的试剂:1 mol/L H_2SO_4、CCl_4(作萃取剂)、0.1 mol/L KBr、0.1 mol/L KI、0.1 mol/L $FeCl_3$、0.1 mol/L $KMnO_4$。设计实验证明 I^- 的还原能力大于 Br^- 的还原能力。

②根据实验室准备的试剂:碘水、溴水、CCl_4、0.1 mol/L $FeSO_4$、0.1 mol/L $SnCl_2$。设计实验证明 Br_2的氧化能力大于 I_2的氧化能力。

写出以上反应的现象及有关反应式,并总结氧化剂、还原剂的强弱与 $E^{\ominus}_{(电极)}$ 的关系。

(2)用电极电势解释下列现象

①在试管中加入 2 滴 0.1 mol/L KI 溶液,再依次加入 2 mL 水、2 滴淀粉溶液,几滴氯水,振荡后观察现象。

②把上述溶液分成两份,一份加入氯水,至溶液颜色发生变化为止。另一份加入 0.1 mol/L Na_2SO_3溶液,观察并记录现象。

根据以下电极电势解释所发生的现象,并写出反应方程式,说明 I_2 在这两个反应中的作用。

$SO_4^{2-} + 4H^+ + 2e^- = H_2SO_3 + H_2O$　　$E^{\ominus} = +0.17\ V$

$H_2SO_3 + 4H^+ + 4e^- = S + 3H_2O$　　$E^{\ominus} = +0.45\ V$

$I_2(s) + 2e^- = 2I^-$　　$E^{\ominus} = +0.535\ V$

$2IO_3^- + 12H^+ + 10e^- = I_2 + 6H_2O$　　$E^{\ominus} = +1.20\ V$

$Cl_2 + 2e^- = 2Cl^-$　　$E^{\ominus} = +1.36\ V$

(3)原电池

取两只 50 mL 烧杯,往一只烧杯中加入 30 mL $ZnSO_4$溶液,插入连有铜导线的锌片,往另一只烧杯中加入 30 mL $CuSO_4$溶液,插入连有铜导线的铜片,用盐桥把两只烧杯中的溶液连通,即组成了原电池。

取一张滤纸放在表面皿上并以 NaCl 溶液润之,再加入 1 滴酚酞指示剂。将上述原电池两极上的铜导线的两端隔开一段距离并均与滤纸接触(图 2.5)。数分钟后,观察滤纸上导线接触点附近颜色的变化。

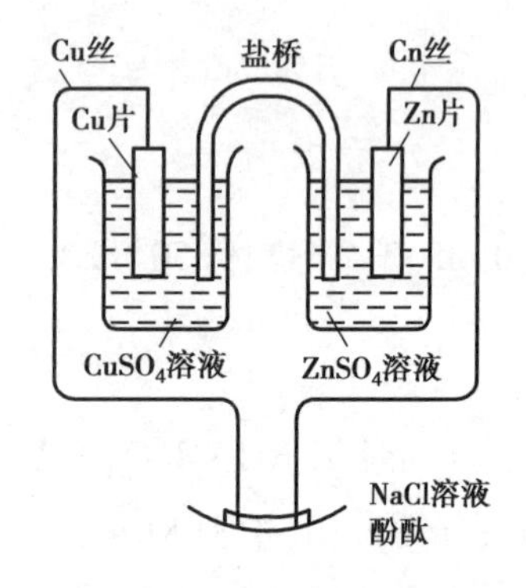

图 2.5 原电池及其检验装置

试写出电解池两电极上的反应，并说明导线接触点附近颜色变化的原因。

(4)原电池电动势的测定

按如下所示装置原电池：

$$Zn \mid ZnSO_4(0.1000\ mol/L) \parallel CuSO_4(0.1000\ mol/L \mid Cu$$

用酸度计测定其电动势，共测两次，分别记录数据，取其平均值为 Cu-Zn 原电池的电动势值。

(5)电极电势的测定及影响电极电势的因素

1) Zn^{2+}/Zn 电极电势的测定

按如下所示装置原电池：

$$Zn \mid ZnSO_4(0.1000\ mol/L) \parallel 饱和\ KCl \mid Hg_2Cl_2(s) \mid Hg(Pt)$$

即将 Zn 片和甘汞电极插入 $ZnSO_4$ 溶液中，组成一个 Zn-Hg 原电池，测其电动势，记录测定的数值及实验时的室温 t，然后计算 Zn^{2+}/Zn 的电极电势。

饱和甘汞电极的电极电势为

$$E_{甘汞}=0.2410-0.00065\times(t-25)$$

2) Cu^{2+}/Cu 电极电势的测定

按如下所示装置原电池：

$$(Pt)Hg \mid Hg_2Cl_2(s) \mid 饱和\ KCl \parallel Cu^{2+}(0.1000\ mol/L) \mid Cu$$

即将 Cu 片和甘汞电极插入 $CuSO_4$ 溶液中，组成一个 Hg-Cu 原电池，测其电动势，记录测定的数值及实验时的室温 t，然后计算 Cu^{2+}/Cu 的电极电势。

3)浓度对电极电势的影响

取出甘汞电极，在 $CuSO_4$ 溶液中缓缓倒入 $NH_3 \cdot H_2O$(6 mol/L)，并不断搅拌至生成沉淀又溶解（生成深蓝色溶液：$Cu^{2+}+4NH_3 = [Cu(NH_3)_4]^{2+}$]）为止。测量此时的电动势，并计算此时 Cu^{2+}/Cu 的电极电势。

4)溶液 pH 值对电极电势的影响

按如下所示装置原电池：

$$C(石墨) \mid H_2O_2(3\%) \parallel H^+(0.001\ mol/L), Cr_2O_7^{2-}(0.1000\ mol/L), Cr^{3+}(0.1000\ mol/L) \mid C(石墨)$$

先测量该原电池的电动势；然后用稀 H_2SO_4 溶液调节 $Cr_2O_7^{2-}$ 溶液的 pH 值为 1（溶液呈橙红色），测定此时原电池的电动势；再用 NaOH 溶液调节 $Cr_2O_7^{2-}$ 溶液的 pH 值为 7（溶液呈黄色），再测量原电池的电动势。

根据测定结果，分别计算 $Cr_2O_7^{2-}/Cr^{3+}$ 在不同介质中的电极电势值。

(6)金属腐蚀与防护

1)腐蚀原电池的形成

取纯锌一小块，放入装有 2～3 mL 0.1 mol/L HCl 溶液的试管中，观察现象。再取一根铜丝插入试管内与锌块接触，观察现象（注意气泡发生的地方）。写出反应式并加以解释。

2)差异充气腐蚀

向用砂纸磨光的铁片上滴 1～2 滴自己配制的溶液（1 mL NaCl + 2 滴 $K_3[Fe(CN_6]$ + 2 滴

1%酚酞溶液)，观察现象，静置3～5 min后再仔细观察液滴不同部位所产生的颜色，解释原因并写出有关反应式。

3)金属腐蚀的防护

①缓蚀剂法。在两支试管中各加入2 mL HCl溶液；并各加入2滴$K_3[Fe(CN)_6]$溶液，再向其中一试管中加入10滴六次甲基四胺溶液，另一试管中加入10滴水(使两试管中HCl浓度相同)。选表面积约相等的两颗小铁钉，用水洗净后同时投入上述两试管中，静置一段时间后观察现象，并比较两试管中蓝色出现的快慢及颜色的深浅。

②阴极保护法。将一条滤纸片放置于表面皿上，用自己配制的腐蚀液润湿。将两枚铁钉隔开一段距离放置于润湿的滤纸片上，并分别与Cu-Zn原电池正负极相连。静置一段时间后，观察有何现象并加以解释。

5. 思考题

①如何通过实验比较下列物质氧化性或还原性的强弱？

a. I_2、Br_2、Cl_2和Fe^{3+}；b. Cl^-、Br^-、I^-和Fe^{3+}。

②如何确定原电池的正负极？Cu-Zn原电池的两溶液间为什么必须加盐桥？

③为什么含杂质的金属较纯金属易被腐蚀？简述防止金属腐蚀的一般原理。

实验7　化学反应速率和活化能

1. 实验目的

①了解浓度、温度和催化剂对反应速率的影响；

②测定过二硫酸铵与碘化钾反应的反应速率；

③学会计算反应级数、反应速率常数和反应的活化能。

2. 实验原理

在水溶液中$S_2O_8^{2-}$与I^-发生如下反应：

$$S_2O_8^{2-} + 3I^- = 2SO_4^{2-} + I_3^- \quad (1)$$

设反应的速率方程可表示为：

$$v = k \cdot c^m(S_2O_8^{2-}) \cdot c^n(I^-)$$

其中，v是反应速率，k是速率常数，$c(S_2O_8^{2-})$、$c(I^-)$是即时浓度，m、n之和为反应级数。

通过实验能测定在单位时间内反应的平均速率，如果在一定时间Δt内$S_2O_8^{2-}$浓度的改变量为$\Delta c(S_2O_8^{2-})$，则平均速率表示为：

$$v_{平} = -\frac{\Delta c(S_2O_8^{2-})}{\Delta t}$$

当$\Delta t \to 0$时，$v = \lim v_{平}$，则有$v = k \cdot c^m(S_2O_8^{2-}) \cdot c^n(I^-) = -\frac{\Delta c(S_2O_8^{2-})}{\Delta t}$，$\Delta t$用秒表测量。

为了测定在一定时间内$S_2O_8^{2-}$浓度的改变量，在将$S_2O_8^{2-}$与I^-混合的同时，加入定量的

$Na_2S_2O_3$溶液和淀粉指示剂。这样在反应(1)进行的同时,也进行如下的反应:

$$2S_2O_3^{2-} + I_3^- \longrightarrow S_4O_6^{2-} + 3I^- \qquad (2)$$

反应(2)进行得很快,瞬间即可完成。而反应(1)却比反应(2)慢得多。由反应(1)生成的I_3^-立即与$S_2O_3^{2-}$反应,生成无色的$S_4O_6^{2-}$和I^-。因此,在反应刚开始的一段时间内看不到I_3^-与淀粉所呈现的特有蓝色。当$S_2O_3^{2-}$耗尽时,由反应(1)继续生成的I_3^-很快与淀粉作用而呈现蓝色。故有:

由反应(1)和(2)可以看出,$S_4O_6^{2-}$浓度减少量等于$S_2O_3^{2-}$浓度减少量的1/2;又由于溶液呈现蓝色标志着$S_2O_3^{2-}$全部耗尽,所以,从反应开始到出现蓝色这段时间内,$S_2O_3^{2-}$浓度的改变量实际上就是$S_2O_3^{2-}$的初始浓度。

$$\Delta c(S_2O_8^{2-}) = \frac{1}{2}\Delta c(S_2O_3^{2-}) = -\frac{1}{2}c_0(S_2O_3^{2-})$$

由于每份混合液中$S_2O_3^{2-}$的初始浓度都相同,因此$\Delta c(S_2O_8^{2-})$也都是相同的。这样,只要记下从反应开始到溶液刚呈现蓝色所需的时间Δt,就可以求出初反应速率。

利用求得的反应速率,可计算出速率常数k和反应级数m、n,从而确定速率方程。

3. 仪器和试剂

(1)仪器

秒表,温度计(0~100 ℃),烧杯(10 mL),量筒,试管,玻璃棒,酒精灯,三脚架,石棉网。

(2)试剂

0.050 mol/L $K_2S_2O_8$,0.400 mol/L KI,0.400 mol/L KNO_3,0.005 mol/L $Na_2S_2O_3$,0.050 mol/L K_2SO_4,0.020 mol/L $Cu(NO_3)_2$,0.2%淀粉溶液。

4. 实验内容

(1)浓度对化学反应速率的影响

在室温下,按表2.1所示用量用专用移液管把一定量的KI、$Na_2S_2O_3$、KNO_3、K_2SO_4和淀粉溶液加入已编号的10 mL烧杯中,搅拌均匀,然后用装有$K_2S_2O_8$溶液的加液器,将一定量的$K_2S_2O_8$溶液迅速加到已搅拌均匀的溶液中,同时启动秒表并不断搅拌,待溶液出现蓝颜色时,立即按停秒表并将时间记录于表2.1中。

表2.1　浓度对化学反应速率的影响

室温 ______ ℃

容器编号	1	2	3	4	5
0.050 mol/L $K_2S_2O_8$溶液的体积/mL	1.0	1.5	2.0	2.0	2.0
0.400 mol/L KI溶液的体积/mL	2.0	2.0	2.0	1.5	1.0
0.005 mol/L $Na_2S_2O_3$溶液的体积/mL	0.6	0.6	0.6	0.6	0.6
0.2%淀粉溶液的体积/mL	0.4	0.4	0.4	0.4	0.4
0.400 mol/L KNO_3溶液的体积/mL	0	0	0	0.5	1.0
0.050 mol/L K_2SO_4溶液的体积/mL	1.0	0.5	0	0	0
反应时间/s					

(2)温度对化学反应速率的影响

①用专用移液管按表 2.1 中 5 号的剂量把一定量的 KI、$Na_2S_2O_3$、KNO_3、K_2SO_4 和淀粉溶液加入一个 10 mL 的烧杯中，混合均匀，再用定量加液器将 2.0 mL 0.050 mol/L 的 $K_2S_2O_8$ 溶液加入另一个 10 mL 烧杯中，然后将两个烧杯同时置于恒温水浴中，待温度固定于某一稳定值，记下温度，然后将混合溶液迅速加到 $K_2S_2O_8$ 溶液中，同时启动秒表并不断搅拌溶液，待溶液出现蓝色时，按停秒表并记录时间。

②在 40 ℃以下，再选择 3 个合适的温度点(相邻温度差在 10 ℃左右)，按①的操作进行实验，并将每次实验的温度与反应时间记录于表 2.2 中。

表 2.2　温度对化学反应速率的影响

容器编号	6	7	8	9
反应温度/℃				
反应时间/s				

(3)催化剂对化学反应速率的影响

按表 2.1 中任一编号的试剂用量，先往 KI、$Na_2S_2O_3$、KNO_3、K_2SO_4、淀粉混合溶液中滴加 2 滴 0.020 mol/L 的 $Cu(NO_3)_2$，搅匀后再迅速加入相应量的 $K_2S_2O_8$ 试液，记录反应时间。与表 2.1 中相应编号的反应时间相比可得出什么结论。

5. 实验数据记录与处理

(1)求反应级数和速率常数

计算表 2.1 中编号 1—5 的各个实验的平均反应速率，并将相应数据填入表 2.3 中。

表 2.3　反应级数和速率常数表

实验编号		1	2	3	4	5
5.0 mL 混合物中反应物的起始浓度/($mol \cdot L^{-1}$)	$K_2S_2O_8$					
	KI					
	$Na_2S_2O_3$					
反应时间 Δt/s						
$v = c(Na_2S_2O_3)/2\Delta t$						
$\lg v$						
$\lg c(S_2O_8^{2-})$						
$\lg c(I^-)$						
m						
n						
$k = v/c(S_2O_8^{2-})^m c(I^-)^n$						

I^-浓度不变时，用实验1、2、3的 v 及 $c(S_2O_8^{2-})$ 数据，以 $\lg v$ 对 $\lg c(S_2O_8^{2-})$ 作图，直线的斜率即为 m。同理，以实验3、4、5的 $\lg v$ 对 $\lg c(I^-)$ 作图，即可求出 n。

根据速率方程 $v = k\,c(S_2O_8^{2-})^m\,c(I^-)^n$，求出 v 及 m、n 后，算出相应的 k。

(2)求活化能

计算编号6—9这4个不同温度下的平均反应速率及速率常数 k，然后以 $\lg k$ 为纵坐标，$1/T$为横坐标作图。由所得直线的斜率求 E_a。将有关数据填入表2.4中。

表2.4 活化能表

实验编号	6	7	8	9
反应温度 T/K				
反应时间 t/s				
反应速率 v				
速率常数 k				
$\lg k$				
$1/T$				
活化能 $E_a/(\mathrm{kJ \cdot mol^{-1}})$				

注：(6—9号混合液中反应物的起始浓度与5号相同)

6.思考题

①实验中为什么可以由反应溶液出现蓝色时间的长短来计算反应速率？反应溶液出现蓝色后，$S_2O_8^{2-}$与I^-的反应是否就终止了？

②若不用$S_2O_8^{2-}$而用I^-的浓度变化来表示反应速率，则反应速率常数是否一样？请具体说明。

③下述情况对实验有何影响？

a.移液管混用。

b.先加$K_2S_2O_8$溶液，最后加KI溶液。

c.往KI等混合液中加$K_2S_2O_8$溶液时，不是迅速加入而是慢慢加入。

d.做“温度对反应速率的影响”实验时，加入$K_2S_2O_8$后将盛反应溶液的容器移出恒温水浴。

实验8 酸碱平衡与沉淀溶解平衡

1.实验目的

①了解弱酸、弱碱的解离平衡及影响平衡移动的因素；

②了解缓冲溶液的性质；

③试验沉淀生成、溶解及转化的条件。

2. 实验原理

(1)水溶液中可溶电解质的酸碱性

酸碱质子理论认为:凡能给出质子的物质是酸,凡能接收质子的物质是碱。酸和碱既可以是中性分子,也可以是带电荷的离子。酸和碱在水溶液中的解离平衡可分别用下列通式表示(以一元酸碱为例):

$$HA(aq) + H_2O(l) \Longrightarrow H_3O^+(aq) + A^-(aq)$$

$$A^-(aq) + H_2O(aq) \Longrightarrow HA(aq) + OH^-(aq)$$

溶液的 pH 值,既可以根据给定的条件进行计算,也可以利用 pH 试纸或 pH 计等进行测量。

(2)缓冲溶液与 pH 值的控制

在一定条件下,能保持溶液 pH 值相对稳定的溶液,叫缓冲溶液。缓冲溶液能在一定程度上抵抗外来酸、碱或稀释的影响,即当加入少量酸、碱或稍加稀释时,混合溶液的 pH 值基本保持不变。缓冲溶液一般由具有同离子效应的弱酸及其共轭碱或弱碱及其共轭酸组成,而且系统中共轭酸碱对的浓度都比较大。

以酸性缓冲溶液为例,其 pH 值计算公式为:

$$pH = pk_a - \lg(c_a/c_b)$$

从上式可以看出:若在缓冲溶液中加入少量酸、碱或加去离子水稀释时,c_a和c_b均略有变化,但由于共轭酸碱对的浓度都比较大,所以其比值可以基本保持不变,因而可以维持 pH 值的稳定性。

(3)水溶液中单相离子平衡及其移动

对于酸或碱的解离平衡,根据反应商判据有:

$J < K_a(K_b)$,反应正向进行,即酸或碱解离

$J = K_a(K_b)$,平衡状态

$J > K_a(K_b)$,反应逆向进行,即生成酸或碱

①若增加生成物的浓度,或减小反应物的浓度,则 $J > K$,平衡向生成酸或碱的方向移动,即酸或碱的解离度减小。

②若减小生成物的浓度,或是增大反应物的浓度,则 $J < K$,平衡向酸或碱解离的方向移动。减小生成物浓度的方法主要有形成难溶电解质、气体或更难解离的酸或碱等。

(4)难溶电解质的多相离子平衡及其移动

在难溶电解质的饱和溶液中,未溶解的固体与溶解后形成的离子之间存在着多相离子平衡。例如,在有过量 $PbCl_2$存在的饱和溶液中,有下列溶解平衡:

$$PbCl_2(s) \Longrightarrow Pb^{2+}(aq) + 2Cl^-(aq)$$

$$K_{sp}(PbCl_2) = c_{Pb^{2+}} \cdot c_{cl^-}^2$$

同理,根据反应商判据有:

$J < K_{sp}$,不发生沉淀反应或沉淀溶解

$J > K_{sp}$, 发生沉淀反应或沉淀不溶解

①同离子效应可使 $J > K_{sp}$,导致溶解平衡向生成沉淀的方向移动,即减小了难溶电解质

的溶解度。

②若减小难溶电解质离子的浓度，则 $J < K_{sp}$，溶液平衡向沉淀溶解的方向移动，因而可通过减小离子浓度的方法，使难溶电解质溶解。

③若溶液中同时存在多种离子，当加入沉淀剂时，离子的溶度积首先得到满足的那种离子就先析出，这种先后沉淀的现象叫作分步沉淀。

④使一种难溶电解质转化成另一种更难溶电解质的反应称为沉淀的转化。对于同类难溶电解质，沉淀在转化时向生成 K_{sp} 值较小的难溶电解质的方向进行；对于不同类型的难溶电解质（如 AgCl 和 Ag_2CrO_4），K_{sp} 值的大小与溶解度大小不一定同步，而沉淀的转化总是向溶解度较小的难溶电解质方向进行。

3. 仪器和试剂

(1) 仪器

酸度计，离心机，离心试管。

(2) 试剂

0.1 mol/L HAC，0.1 mol/L $NH_3 \cdot H_2O$，固体 NaAc，固体 NH_4Cl，酚酞指示剂，甲基橙指示剂，0.1 mol/L HCl，0.1 mol/L NaOH，0.1 mol/L HCl，0.1 mol/L^{-1} $FeCl_3$，0.2 mol/L $SbCl_3$，0.1 mol/L NaCl，0.1 mol/L $AgNO_3$，2 mol/L $NH_3 \cdot H_2O$，2 mol/L NaOH，0.1 mol/L $MgCl_2$，6 mol/L NH_4AC，0.5 mol/L Na_2CO_3，0.5 mol/L K_2CrO_4，0.5 mol/L Na_2SO_4，0.5 mol/L $BaCl_2$，2 mol/L HAC，2 mol/L HCl，0.5 mol/L NaCl。

4. 实验内容

(1) 同离子效应

用 0.1 mol/L HAc、0.1 mol/L $NH_3 \cdot H_2O$、固体 NaAc、固体 NH_4Cl、酚酞指示剂、甲基橙指示剂，设计两个能说明同离子效应的实验。

(2) 缓冲溶液的配制与性质

①取 30 mL 蒸馏水于小烧杯中，用酸度计测定其 pH 值。往蒸馏水中加 2 滴 0.1 mol/L的 HCl 溶液，搅匀后再测定它的 pH 值。

②用 0.1 mol/L HAc 和 0.1 mol/L NaAc 溶液配制 pH 值为 4.7 的缓冲溶液 60 mL，测定它的实际 pH 值。将缓冲溶液分为两份，第一份加入 2 滴 0.1 mol/L NaOH 溶液，混合均匀后测定它的 pH 值。往第二份缓冲溶液中加 2 滴 0.1 mol/L HCl 溶液，测定其 pH 值。再加入10 mL 0.1 mol/L HCl 溶液，混匀后测定其 pH 值。

通过①、②，总结缓冲溶液的性质。

(3) 盐类的水解平衡及其影响因素

①把几滴 0.1 mol/L $FeCl_3$ 溶液分别加入含有冷水和热水的试管中，观察溶液颜色，说明原因。

②取几滴 0.2 mol/L $SbCl_3$ 溶液于试管中，加水稀释，观察沉淀的生成；往沉淀中滴加 2 mol/L HCl 溶液至沉淀刚好消失，再加水稀释，观察现象；并结合反应方程式加以解释。

(4) 沉淀的生成和溶解

①往离心试管中加入 5 滴 0.1 mol/L NaCl 溶液，逐滴滴入 0.1 mol/L $AgNO_3$ 溶液，待反应

完全后，将沉淀离心分离，在沉淀上滴加数滴 2 mol/L $NH_3 \cdot H_2O$ 溶液，观察现象，并结合反应方程式解释实验现象。

②用 2 mol/L NaOH 溶液分别与 0.1 mol/L $MgCl_2$、0.1 mol/L $FeCl_3$溶液作用，制得沉淀量相近的 $Mg(OH)_2$、$Fe(OH)_3$，离心分离，弃去清液，往 $Mg(OH)_2$沉淀中滴加 6 mol/L NH_4Ac 溶液至沉淀溶解，再往 $Fe(OH)_3$沉淀中加入等量的 NH_4Ac 溶液，观察沉淀是否溶解，并从平衡移动的角度解释实验现象。

③在 3 支离心试管中分别加入 2 滴 0.5 mol/L 的 Na_2CO_3溶液、K_2CrO_4溶液、Na_2SO_4溶液，各滴加 2 滴 0.5 mol/L $BaCl_2$溶液，观察沉淀的生成；试验沉淀能否溶于 2 mol/L HAc 溶液中，将不溶者离心分离，弃去溶液，往沉淀中滴加 2 mol/L HCl 溶液，观察实验现象，并对整个过程加以解释。

请总结沉淀生成和溶解的条件。

(5) 沉淀的转化和分步沉淀

①取两支离心试管，分别滴加几滴 0.5 mol/L 的 K_2CrO_4溶液、NaCl 溶液，然后再分别滴入 2 滴0.1 mol/L $AgNO_3$溶液，观察 Ag_2CrO_4 和 AgCl 沉淀的生成和颜色。离心，弃去清液，往 Ag_2CrO_4沉淀中加入 0.5 mol/L NaCl 溶液，往 AgCl 沉淀中加入 0.5 mol/L K_2CrO_4溶液，充分搅动，观察沉淀的颜色变化。

想一想：实验说明 Ag_2CrO_4、AgCl 中何者溶解度较小？

②往试管中加入 2 滴 0.5 mol/L NaCl 溶液和 0.5 mol/L K_2CrO_4溶液，混合均匀后，逐滴加入 0.1 mol/L $AgNO_3$溶液，并随即振荡试管，观察沉淀的生成与颜色的变化。

想一想：最后得到外观为砖红色的沉淀中有无 AgCl 沉淀？用实验证实你的想法（提示：可往沉淀中加 6 mol/L HNO_3，使其中的 Ag_2CrO_4溶解后观察之）。

请利用溶度积解释实验现象，并总结沉淀转化条件。

5. 思考题

①将 Na_2CO_3溶液与 $AlCl_3$溶液作用，产物是什么？写出反应方程式。

②使用电动离心机应该注意哪些事项？

③是否一定要在碱性条件下才能生成氢氧化物沉淀？不同浓度的金属离子溶液，开始生成氢氧化物沉淀时，溶液的 pH 值是否相同？

④请计算下列反应的平衡常数：

a. $Mg(OH)_2 + 2NH_4^+ \rightleftharpoons Mg^{2+} + 2NH_3 \cdot H_2O$

b. $Fe(OH)_3 + 3NH_4^+ \rightleftharpoons Fe^{3+} + 3NH_3 \cdot H_2O$

c. $Ag_2CrO_4 + 2Cl^- \rightleftharpoons 2AgCl + CrO_4^{2-}$

d. $2AgCl + CrO_4^{2-} \rightleftharpoons Ag_2CrO_4 + 2Cl^-$

比较上述 4 个平衡常数的大小，可得出什么结论？与你的实验结果是否一致？

实验9　碘酸铜的制备及溶度积的测定

1. 实验目的

①了解分光光度法测定溶度积的原理；
②熟练溶液配制、移液等操作；
③练习分光光度计的使用。

2. 实验原理

将硫酸铜溶液和碘酸钾溶液在一定温度下混合，反应后得到碘酸铜沉淀，其反应方程式如下：

$$CuSO_4 + 2KIO_3 \xlongequal{} Cu(IO_3)_2\downarrow + K_2SO_4$$

碘酸铜是难溶强电解质，在其水溶液中存在如下动态平衡：

$$Cu(IO_3)_2(s) \rightleftharpoons Cu^{2+}(aq) + 2IO_3^-(aq)$$

其平衡常数叫作溶度积常数，简称溶度积，溶度积K_{sp}表示为：

$$K_{sp}[Cu(IO_3)_2] = c(Cu^{2+}) \cdot [c(IO_3^-)]^2$$

平衡时的溶液为饱和溶液，测定$Cu(IO_3)_2$饱和溶液中的$c(Cu^{2+})$和$c(IO_3^-)$，便可计算出其溶度积。

$c(Cu^{2+})$的测定可通过分光光度法进行，用一系列已知浓度的Cu^{2+}溶液，加入氨水，使Cu^{2+}生成蓝色的$Cu[(NH_3)]_4^{2+}$，在分光光度计上测定有色液的吸光度A，以A为纵坐标，$c(Cu^{2+})$为横坐标，描绘A—$c(Cu^{2+})$的关系曲线（称为标准曲线）。然后吸取一定量$Cu(IO_3)_2$饱和溶液与氨水作用，测定所得蓝色溶液的吸光度A'，在标准曲线上找出与A'相对应的$c(Cu^{2+})$，即为$Cu(IO_3)_2$饱和溶液中的$c(Cu^{2+})$。这样便可求出碘酸铜的溶度积

想一想：这里是如何计算碘酸铜的溶度积的？

3. 仪器和试剂

(1)仪器

台秤，烧杯，抽滤瓶，9个容量瓶(50 mL)，吸量管，定量滤纸，分光光度计。

(2)试剂

固体$CuSO_4 \cdot 5H_2O$，固体KIO_3，6 mol/L $NH_3 \cdot H_2O$，0.16 mol/L $CuSO_4$，0.16 mol/L K_2SO_4。

4. 实验内容

(1)碘酸铜的制备

用台秤分别称取1.3 g $CuSO_4 \cdot 5H_2O$，2.1 g KIO_3，加蒸馏水并稍加热，使它们完全溶解（如何决定水量?），将两溶液混合，加热并不断搅拌以免暴沸，约20 min后，停止加热，静置至

室温，弃去上层清液，用倾滗法洗涤所得碘酸铜至洗涤液中检查不到 SO_4^{2-} 为止（需洗 5～6 次，每次可用蒸馏水 10 mL）。记录产品的外形、颜色及观察到的现象，最后进行减压过滤，将碘酸铜抽干后，烘干，计算产率。

(2) K_{sp} 的测定

1) 标准曲线的制作

用吸量管分别吸取 0.2，0.4，0.6，0.8，1.0，1.2 mL 0.16 mol/L $CuSO_4$ 溶液于有标记的 6 个 50 mL 容量瓶中，分别加 6 mol/L 氨水 4 mL，用蒸馏水稀释至刻度，摇匀，以蒸馏水作参比液，选用 2 cm 比色皿，在入射光波长为 610 nm 条件下测定它们的吸光度，将有关数据记入表 2.5，并以吸光度为纵坐标，相应的 Cu^{2+} 的浓度为横坐标，绘制标准曲线。

表 2.5　标准曲线的制作

容量瓶编号	1	2	3	4	5	6
0.16 mol/L $CuSO_4$ 的体积/mL	0.20	0.40	0.60	0.80	1.0	1.2
6 mol/L $NH_3 \cdot H_2O$ 的体积/mL	4.0					
吸光度(A)						
Cu^{2+} 浓度($\times 10^{-3}$)/($mol \cdot L^{-1}$)						

2) 配制含不同浓度 Cu^{2+} 和 IO_3^- 的碘酸铜饱和溶液

再另取 3 个干燥的小烧杯并编好号，均加入少量（黄豆般大）自制的碘酸铜和 18.00 mL 蒸馏水，然后用吸量管按表 2.6 加入一定量的硫酸铜和硫酸钾溶液（硫酸钾的作用是调整离子强度，使溶液的总体积为 20.00 mL）。

想一想：应该用什么仪器量取 18 mL 水？

表 2.6　溶度积的计算

容量瓶编号	1	2	3
0.16 mol/L $CuSO_4$ 的体积/mL	0.00	0.50	1.00
0.16 mol/L K_2SO_4 的体积/mL	1.00	0.50	0
所加 Cu^{2+} 浓度 a($\times 10^{-3}$)/($mol \cdot L^{-1}$)	0.00	4.00	8.00
吸光度(A)			
Cu^{2+} 浓度			
Cu^{2+} 的平衡浓度 b($\times 10^{-3}$)/($mol \cdot L^{-1}$)			
IO_3^- 的平衡浓度 $c(IO_3^-)$($\times 10^{-3}$)/($mol \cdot L^{-1}$)			
K_{sp}			
$\overline{K_{sp}}$			

注：平衡时，$c(IO_3^-) = 2(b-a)$；$K_{sp} = c(Cu^{2+}) \cdot c(IO_3^-)^2$。

不断搅拌上述混合液约 15 min，以保证配得碘酸铜饱和溶液。静置，待溶液澄清后，用致密定量滤纸、干燥漏斗常压过滤（滤纸不要用水润湿），滤液用编号的干燥小烧杯收集，沉淀不要转移到滤纸上。

3)测定 $Cu(IO_3)_2$饱和溶液的 $c(Cu^{2+})$

按表 2.6 取准备好的饱和碘酸铜滤液各 10.00 mL 于 3 个编号的 50 mL 容量瓶中,加入 6 mol/L氨水 4 mL,用蒸馏水稀释至刻度,摇匀,用 2 cm 比色皿在波长 610 nm 条件下,用蒸馏水作参比液测量其吸光度,从标准曲线上查出 Cu^{2+} 的浓度,将有关数据记入表 2.6,并计算 K_{sp}。

5. 实验数据的记录与处理

(1)标准曲线的制作

$c(Cu^{2+}$,原始) =

(2)根据表 2.6 算出 $K_{sp}^{\ominus}[Cu(IO_3)_2]$

6. 思考题

①为什么要将制得的碘酸铜洗净?

②如果配制的碘酸铜溶液不饱和或常压过滤时碘酸铜透过滤纸,对实验结果有何影响?

③配制含不同浓度的 Cu^{2+} 的碘酸铜饱和溶液时,为什么要使用干烧杯并要知道溶液的准确体积?

④常压过滤碘酸铜饱和溶液时,所使用的漏斗、滤纸、烧杯等是否均要干燥的?

⑤为什么用含不同 Cu^{2+} 浓度的溶液测定碘酸铜的 K_{sp}?

⑥如何判断硫酸铜与碘酸钾的反应是否基本完全?

⑦为什么配制 $Cu[(NH_3)]_4{}^{2+}$ 溶液时,所加氨水的浓度要相同?

实验 10　配合物的性质

1. 实验目的

①了解配离子的性质,以及与简单离子的区别;

②比较配离子的稳定性;

③了解使配位平衡移动的方法。

2. 实验原理

配位化合物分子一般由中心离子、配位体和外界构成。中心离子和配位体组成配位离子,配位离子也称为内界,例如:

$$[Cu(NH_3)_4]SO_4 = [Cu(NH_3)_4]^{2+} + SO_4^{2-}\text{(完全解离)}$$

$$[Cu(NH_3)_4]^{2+} \rightleftharpoons Cu^{2+} + 4\,NH_3\text{(部分解离)}$$

$[Cu(NH_3)_4]^{2+}$为配位离子(内界),其中 Cu^{2+}为中心离子,NH_3为配位体,SO_4^{2-}为外界。

配位化合物中的内界和外界可以用实验来确定。

配位离子的解离平衡也是一种动态平衡,能向着生成更难解离或更难溶解的物质的方向移动。若金属离子 M^{m+} 和配体 L^- 形成配离子 $ML_n^{(m-n)+}$，则在水溶液中产生如下解离平衡：

$$ML_n^{(m-n)+} = M^{m+} + nL^-$$

根据平衡移动原理，改变 M^{m+} 或 L^- 的浓度，会使上述平衡发生移动。假如加入一种试剂，使其与 M^{m+}（或 L^-）生成难溶物质或更稳定的配离子，或使其氧化态改变等，则平衡向右移动，如：

$$\begin{array}{ccc} [Ag(NH_3)_2]^+ \rightleftharpoons & Ag^+ & + 2NH_3 \\ & + & + \\ & Br^- & 2H^+ \\ & \Updownarrow & \Updownarrow \\ & AgBr\downarrow & 2NH_4^+ \end{array}$$

3. 仪器和试剂

(1) 仪器

离心机，电加热器，普通试管，离心试管，烧杯。

(2) 试剂

2 mol/L HAc，6 mol/L HCl，0.1 mol/L NaOH，2 mol/L $NH_3 \cdot H_2O$，6 mol/L $NH_3 \cdot H_2O$，0.1 mol/L $AgNO_3$，0.1 mol/L $Cu(NO_3)_2$，0.1 mol/L $Fe(NO_3)_3$，0.1 mol/L $Fe_2(SO_4)_3$，0.1 mol/L $Ni(NO_3)_2$，0.1 mol/L EDTA，$FeCl_3$，0.1 mol/L KBr，0.1 mol/L KI，0.1 mol/L NaCl，1 mol/L $BaCl_2$，2 mol/L NH_4F，0.5 mol/L $Na_2S_2O_3$，0.1 mol/L NH_4SCN，饱和 $(NH_4)_2C_2O_4$ 溶液，0.1 mol/L NH_4SCN，pH 试纸，CCl_4。

4. 实验内容

(1) 配离子的形成

①取两支试管分别加入 5 滴 0.1 mol/L $Cu(NO_3)_2$ 溶液，一支试管中加入 0.1 mol/L NaOH 溶液，观察现象。另一支试管中加入过量 2 mol/L $NH_3 \cdot H_2O$，观察溶液的颜色，然后再加入 0.1 mol/L NaOH 溶液，观察实验现象，并解释原因。

②将 5 滴 0.5 mol/L $Na_2S_2O_3$ 溶液加入试管中，滴入 2 滴 0.1 mol/L $AgNO_3$ 溶液，观察实验现象。然后在所得溶液中加入 2 滴 0.1 mol/L NaCl，观察有什么变化。另取一支试管将 2 滴 0.1 mol/L $AgNO_3$ 和 2 滴 0.1 mol/L NaCl 混合，观察有何现象，解释原因。

③取两支试管，分别加入 0.1 mol/L $Fe(NO_3)_3$ 溶液，在一支试管中加入 2 mol/L NH_4F，然后再在两个试管中加入 0.1 mol/L KI 溶液和 CCl_4，观察现象。

④取一支试管，加入 0.1 mol/L $Ni(NO_3)_2$ 溶液、0.1 mol/L EDTA 溶液，观察颜色变化。再在此溶液中加入 0.1 mol/L NaOH 溶液，观察有无 $Ni(OH)_2$ 沉淀生成。

(2) 配离子稳定性的比较

取 10 滴 0.5 mol/L $Fe_2(SO_4)_3$ 溶液，逐滴加入 6 mol/L HCl 溶液，观察现象，加入 2 滴 0.1 mol/L NH_4SCN 溶液，观察溶液颜色的变化，再往溶液中滴加 2 mol/L NH_4F 溶液，观察有何现象。再加入饱和 $(NH_4)_2C_2O_4$ 溶液，溶液颜色又有何变化？从溶液颜色变化，比较生成的各配离子的稳定性。

(3)配位平衡的移动

①在离心试管中加入5滴0.1 mol/L $AgNO_3$溶液和5滴0.1 mol/L NaCl溶液,离心分离,弃去清液,用少量去离子水洗涤(每次洗涤需加热,离心分离),弃去洗涤液,在沉淀上滴加2 mol/L $NH_3 \cdot H_2O$使沉淀溶解。往所得溶液中加一滴0.1 mol/L NaCl溶液,观察现象,再加入一滴0.1 mol/L KBr溶液,观察有何现象。若有AgBr沉淀生成,使AgBr沉淀完全,离心分离,洗涤沉淀两次,然后滴加0.5 mol/L $Na_2S_2O_3$溶液,使沉淀溶解。往所得溶液中加一滴0.1 mol/L KBr溶液,观察是否有AgBr沉淀产生。再加入一滴0.1 mol/L KI溶液,观察有何现象。

通过上述实验比较AgCl,AgBr,AgI的$K_{sp}^{\ominus}$大小和$[Ag(NH_3)_2]^+$,$[Ag(S_2O_3)_2]^{3-}$的稳定性。

②取2滴0.1 mol/L $Fe_2(SO_4)_3$溶液,加入8滴饱和$(NH_4)_2C_2O_4$溶液,观察溶液颜色有何变化。加入一滴0.1 mol/L NH_4SCN溶液,观察溶液颜色有无变化。若向溶液中逐滴加入6 mol/L HCl溶液,观察颜色有何变化,并解释观察到的现象。

③取5滴0.1 mol/L $Fe(NO_3)_3$溶液加入0.1 mol/L NH_4SCN溶液,滴加0.1 mol/L EDTA溶液,观察有何现象发生。

5.思考题

①有哪些方法可证明$[Ag(NH_3)_2]^+$溶液中含有Ag^+?

②通过实验总结简单离子形成配离子后哪些性质会发生改变。

③影响配位平衡的主要因素是什么?

④Fe^{3+}可以将I^-氧化为I_2,而自身被还原成Fe^{2+},但Fe^{2+}的配离子$[Fe(CN)_6]^{4-}$又可以将I_2还原成I^-,而自身被氧化成$[Fe(CN)_6]^{3-}$,如何解释此现象?

实验11　金属电镀

1.实验目的

①加深对电极电势、电解原理的理解。

②了解电镀原理及方法。

③了解电镀的工艺过程。

2.实验原理

利用电解原理在金属或非金属工件的表面上再沉积一薄层其他金属或合金的过程称为电镀。电镀层的主要作用是:提高金属工件在使用环境中的抗蚀性能;装饰工件的外表,使其光亮美观;提高工件的工作性能。

电镀是电解原理的具体应用。电镀时,被镀工件作阴极,欲镀金属作阳极,电解液中含欲镀金属离子。电镀进行中,阳极溶解成金属离子,溶液中的欲镀金属离子在金属工件表面以金属单质或合金的形式析出。本实验是在金属铜片上镀镍。

3. 仪器和试剂

(1) 仪器

直流稳压稳流电源，铜片(15 mm×80 mm×2 mm)，镍片(15 mm×80 mm×2 mm)，烧杯(作电镀槽)，电热板，砂纸(粗、细)，玻璃棒，导线(带鳄鱼夹)。

(2) 试剂

碱洗液(除油)：Na_2CO_3(25~30 g/L)，NaOH(25~30 g/L)；

酸洗液：6 mol/L H_2SO_4；

电镀液：140 g/L $NiSO_4$，30 g/L $MgSO_4$，50 g/L Na_2SO_4，20 g/L H_2BO_3，5 g/L NaCl，酸碱度(pH=5~5.5)。

使用过程中若出现沉淀，应周期性地过滤后再使用。

4. 实验内容

将欲镀工件先用粗砂纸打磨，后用细砂纸仔细打磨，以磨掉工件表面的铁锈和锈斑，并使粗糙的工件表面尽可能平滑光亮。然后用自来水冲洗干净。

将打磨好的工件放入 50~60 ℃的碱洗液浸泡 5~10 min，同时不断搅动碱洗液。然后将工件取出用自来水冲洗掉表面附着的碱液。若工件表面被一层均匀的水膜覆盖，而不附有水珠，则表明除油已达到要求；否则，重新除油，直至达到要求。

将达到除油要求且冲洗干净的工件放入酸洗液中浸泡约 1 min，同时不断搅动工件，取出工件用自来水冲洗其表面附着的酸液。

按图 2.6 所示接好线路。将处理好的待镀工件挂在电镀槽阴极上。电镀液温度 20~40 ℃，直流稳压稳流电源采用恒流运行方式，调整稳流旋钮，使表上显示的电流数值为 0.1~0.5 A，电镀进行 15~20 min。然后，切断电源，取出工件，用水冲洗干净。观察并记录所得金属镍镀层的表观性状。

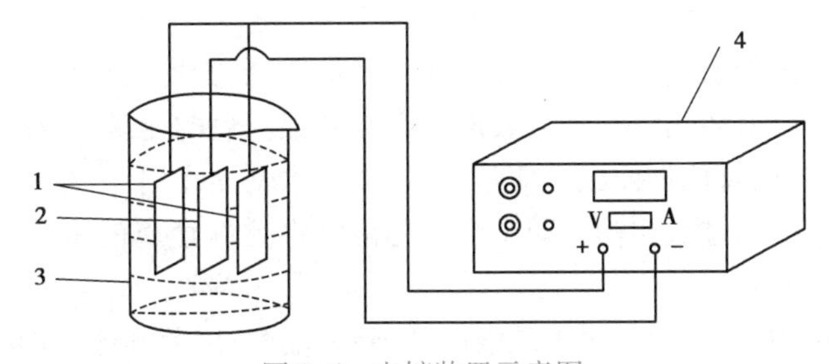

图 2.6　电镀装置示意图

1—镍极(阳极)；2—镀件(阴极)；3—电镀池；4—直流稳压稳流电源

5. 思考题

①电镀前为什么要对工件进行打磨、碱洗、酸洗等处理？

②镀层质量与哪些因素有关？

6. 注意事项

①电镀时，要确保阴、阳极正确连接，严格调整好电镀参数。

②进行电镀时，铜片和镍片不能接触。

第 3 章
元素化合物实验

实验 12　碱金属和碱土金属

1. 实验目的

①比较钠与镁的活泼性，了解过氧化钠的性质。
②试验碱土金属氢氧化物的生成和性质。
③试验碱金属、碱土金属的某些难溶盐的生成及应用。
④了解锂盐与镁盐的相似性。

2. 实验原理

碱金属是比较活泼的金属，其熔点、沸点和硬度都较低，密度也较小，是典型的轻金属。例如，钾和钠可用小刀切割，切割后的新鲜表面可以看到银白色的光泽，但在空气中易被氧化，接触空气后，由于生成一层氧化物而颜色变暗；它们能与水剧烈作用，因此一般储存于煤油中；钠在空气中燃烧可直接得到过氧化钠。碱土金属的活泼性比碱金属的略差，如镁与冷水反应很慢，在加热时反应加快。

碱金属的氢氧化物易溶于水，固体碱吸湿性强，易潮解，因此固体 NaOH 是常用的干燥剂。碱土金属的氢氧化物在水中的溶解度一般都不大，但由于随着离子半径的增大，阳离子和阴离子之间的吸引力逐渐减小，越来越容易被水分子拆开，所以同族元素氢氧化物的溶解度从上到下逐渐增大。

碱金属的盐类一般都易溶于水，但也有若干锂盐和少数具有较大阴离子的盐，如 $Na[Sb(OH)_6]$、$KHC_4H_4O_6$、$KClO_4$ 等较难溶于水。碱土金属盐的重要特征是其微溶性，除氯化物、硝酸盐、硫酸镁、铬酸镁易溶于水外，其余的碳酸盐、硫酸盐、草酸盐和铬酸盐等皆难溶于水。

碳酸铵溶液与镁盐溶液只有在煮沸或持久放置时才生成白色碱式碳酸镁沉淀。如果有强酸铵盐存在，则无沉淀形成，因为当加入碳酸铵时，高浓度的铵离子将减小溶液中 CO_3^{2-} 的浓度，以致不能达到碳酸镁的溶度积。

碱金属钙、锶、钡等挥发性盐在无色的火焰中灼烧时，能使火焰呈现出一定的颜色，即发生焰色反应。碱金属和几种碱土金属的焰色如表3.1所示。

表3.1　碱金属及部分碱土金属的焰色

离子	Li^+	Na^+	K^+	Rb^+	Cs^+	Ca^{2+}	Sr^{2+}	Ba^{2+}
焰色	红色	黄色	紫色	紫红色	紫红色	橙红色	洋红色	黄绿色

利用焰色反应，可以定性鉴别这些元素的存在。

3. 仪器和试剂

(1) 仪器

镊子，滤纸，小刀，坩埚，酒精灯，烧杯，试管，胶头滴管，砂纸，点滴板。

(2) 试剂

钠块，酚酞，镁条，蒸馏水，0.5 mol/L $BeSO_4$溶液，2 mol/L $NH_3 \cdot H_2O$溶液，2 mol/L NaOH溶液，2 mol/L HCl，0.5 mol/L $MgCl_2$溶液，0.5 mol/L $CaCl_2$溶液，0.5 mol/L $SrCl_2$溶液，0.5 mol/L $BaCl_2$溶液，澄清的饱和石灰水，澄清的0.1 mol/L $Ba(OH)_2$溶液，3 mol/L LiCl溶液，0.5 mol/L $MgCl_2$溶液，1 mol/L NaF溶液，1 mol/L Na_2CO_3溶液，1 mol/L $NaHCO_3$溶液，0.1 mol/L Na_2HPO_4溶液，2 mol/L KCl溶液，饱和酒石酸氢钠$NaHC_4H_4O_6$溶液，六硝基合钴(Ⅲ)酸钠溶液，0.3 mol/L $(NH_4)_2C_2O_4$溶液，0.5 mol/L Na_2SO_4溶液，0.5 mol/L K_2CrO_4溶液，镍铬丝。

4. 实验内容

(1) 金属钠和镁的化学活泼性

1) 钠与空气中氧的反应

用镊子取一小块钠，用滤纸吸干表面的煤油，用小刀将它切成两块，观察新切面的颜色及其在空气中的迅速变化。随即将钠放在坩埚中加热，等钠开始燃烧时，停止加热，观察产物的颜色、状态。取少量产物置于空气中，观察颜色的变化。

将坩埚盖好，冷至室温，然后加入少量水，观察有无气体逸出，检验溶液的酸碱度。用3 mol/L H_2SO_4将溶液酸化，再加1滴0.01 mol/L $MnSO_4$溶液，观察颜色有何变化。

综合实验现象，说明是否有Na_2O_2生成，写出有关反应式(可用实验室提供的Na_2O_2作对照实验，并对Na_2O_2的性质作描述)。

2) 钠与水的反应

在烧杯中盛约1/5体积的水，加2滴酚酞，用镊子取一小块钠，用滤纸吸干表面的煤油后投入水中，观察反应情况。

注意勿近火源，以免产生的H_2与空气混合爆鸣，等钠反应完全才能倒出溶液。

想一想：从钠与水反应时熔化并浮在水面上的现象可以了解钠的什么物理性质？

3) 镁与水的反应

取一段镁条，用砂纸磨掉其表面的氧化膜，再分成两半，分别投入盛有冷水和近沸热水的试管中，各加一滴酚酞，对照观察反应情况。

想一想：与钠相比，镁的活泼性如何？顺便比较钠与镁的硬度、熔点、密度。

(2)碱土金属氢氧化物的生成和性质

1) $Be(OH)_2$、$Mg(OH)_2$酸碱性比较

①取2支试管，各加0.5 mL 0.5 mol/L $BeSO_4$溶液，均加入2 mol/L $NH_3 \cdot H_2O$溶液，观察$Be(OH)_2$沉淀的生成和颜色。分别试验它与2 mol/L NaOH及2 mol/L HCl的作用。

②用0.5 mol/L $MgCl_2$溶液制取$Mg(OH)_2$，同上实验，观察$Mg(OH)_2$能否溶于过量NaOH溶液中。

写出各反应式，判断哪一个是两性氢氧化物。

2)氢氧化物的溶解性

①比较碱土金属氢氧化物的溶解性。

在4支试管中分别加入0.5 mL 0.5 mol/L的$MgCl_2$、$CaCl_2$、$SrCl_2$、$BaCl_2$溶液，均加入等量不含CO_3^{2-}的2 mol/L NaOH溶液，观察沉淀的生成和颜色。

②比较$Mg(OH)_2$、$Ca(OH)_2$的溶解度。

a.在少量0.5 mol/L $MgCl_2$溶液中加入澄清的饱和石灰水至有明显的$Mg(OH)_2$沉淀生成，再在等量的0.5 mol/L $CaCl_2$溶液中加入相同滴数的石灰水，观察是否有沉淀生成。比较$Mg(OH)_2$与$Ca(OH)_2$的溶解度。

b.在少量0.5 mol/L $CaCl_2$溶液中，滴入澄清的0.1 mol/L $Ba(OH)_2$溶液至有明显的$Ca(OH)_2$沉淀生成，再往同量0.5 mol/L $BaCl_2$溶液中滴入相同滴数的$Ba(OH)_2$溶液，观察是否有沉淀生成。比较$Ca(OH)_2$与$Ba(OH)_2$的溶解度，何者较小？

综合实验现象，对碱土金属氧化物的溶解度作完整的描述。

(3)锂盐和镁盐的相似性

锂、镁的氟化物、碳酸盐、磷酸盐均难溶于水，而其他碱金属的相应化合物易溶，这是锂、镁的相似点之一。

1)氟化物

在两支试管中分别加入0.5 mL 3 mol/L LiCl溶液、0.5 mol/L $MgCl_2$溶液，然后均加入少量1 mol/L NaF溶液。观察现象，写出反应式。

2)碳酸盐

往0.5 mL 3 mol/L LiCl溶液中加入少量1 mol/L Na_2CO_3溶液，微热，另往0.5 mL $MgCl_2$溶液中加入少量1 mol/L $NaHCO_3$溶液。观察现象，写出反应式。

3)磷酸盐

往0.5 mL 3 mol/L LiCl溶液中加入少量0.1 mol/L Na_2HPO_4溶液，加热，稍放置。再往0.5 mL 0.5 mol/L $MgCl_2$溶液中加入少量Na_2HPO_4溶液。观察现象，写出反应式。

(4)某些难溶盐的生成和应用

1)用沉淀法检验K^+

以下两种沉淀的生成，均可证实K^+的存在。

①难溶性酒石酸氢钾($KHC_4H_4O_6$)的生成。

混合少量2 mol/L KCl溶液和饱和酒石酸氢钠$NaHC_4H_4O_6$溶液，充分摇动，观察产物的颜色、形状。

②六硝基合钴(Ⅲ)酸钠钾$K_2Na[Co(NO_2)_6]$沉淀的生成。

在少量钾盐溶液中，加几滴六硝基合钴(Ⅲ)酸钠溶液，观察沉淀的生成和颜色。另取少量3 mol/L NH_4Cl溶液做对照实验。

铵盐反应类同，但$(NH_4)_2Na[Co(NO_2)_6]$在水浴温度下即分解，可见气体逸出，而相应的钾盐较稳定。

$$Co(NO_2)_6^{3-} + 3OH^- = Co(OH)_3\downarrow + 6NO_2^-$$

$$2Co(NO_2)_6^{3-} + 10H^+ = 2Co^{2+} + 5NO\uparrow + 7NO_2\uparrow + 5H_2O$$

碱和强酸均能破坏$Co(NO_2)_6^{3-}$，所以反应在pH =3～7的条件下进行。

2) Ca^{2+}、Sr^{2+}、Ba^{2+}的鉴别

各取3份等量同浓度的$CaCl_2$、$SrCl_2$、$BaCl_2$溶液于9支试管中，分别加入等量的0.3 mol/L $(NH_4)_2C_2O_4$、0.5 mol/L Na_2SO_4和0.5 mol/L K_2CrO_4溶液，注意观察沉淀的形成。试验铬酸盐沉淀在6 mol/L HAc溶液中的溶解情况。如果要鉴别Ca^{2+}、Sr^{2+}、Ba^{2+}，在上述3种沉淀剂中，哪种选择性最高（若一种试剂和越少种类的离子反应，则该试剂的反应选择性越高）？

将生成沉淀的情况以及查得的室温下各盐的溶解度填入表3.2。

表3.2　数据记录

	Ca^{2+}	Sr^{2+}	Ba^{2+}
$C_2O_4^{2-}$			
SO_4^{2-}			
CrO_4^{2-}			

(5) 焰色实验

焰色。

取锂、钠、钾、钙、锶、钡的氯化物的溶液两滴，分别置于点滴板的凹穴中，用6根做好标记的专用于某种离子的镍铬丝蘸取相应溶液在氧化焰中灼烧，观察并记录各火焰的颜色。

钾盐中常含有少量钠盐，为了消除钠的干扰，在观察钾的焰色时，要用蓝色的钴玻璃滤去钠的黄光后观察。

镍铬丝刚使用时，先在6 mol/L盐酸中浸泡片刻再在氧化焰中灼烧，然后没入酸中，又取出灼烧，直至火焰保持煤气灯焰的颜色，即可进行焰色反应。

5. 思考题

①为什么NaOH中常含有Na_2CO_3？用什么简便的方法可以除去NaOH溶液中的CO_3^{2-}？

②在比较碱土金属氢氧化物的溶解性时，使用$Ca(OH)_2$和$Ba(OH)_2$溶液有何优点？

③在制取$MgCO_3$、$Mg_3(PO_4)_2$时，为什么不用Mg^+与CO_3^{2-}、PO_4^{3-}直接反应，而要用HCO_3^-、HPO_4^{2-}与Mg^{2+}反应？

实验13　硼、铝

1. 实验目的

①了解硼的焰色反应和硼砂珠实验。
②试验硼酸的酸性、硼砂溶液的缓冲作用。
③实验铝单质的性质、$Al(OH)_3$的酸碱性。
④了解 γ-Al_2O_3的吸附性。

2. 实验原理

(1)硼酸

硼酸具有弱酸性,可与乙醇反应生成硼酸三乙酯。

$$H_3BO_3 + 3C_2H_5OH \xrightarrow[\text{点燃}]{\text{浓 } H_2SO_4} B(OC_2H_5)_3 \uparrow + 3H_2O$$

此反应可用来鉴定硼酸、硼砂等含硼化合物。

(2)硼砂的性质

硼砂可制成硼砂珠,通过焰色可鉴别金属阳离子。硼砂溶于水后,水解生成等摩尔的H_3BO_3和$B(OH)_4^-$(即弱酸及其盐),有良好的缓冲作用:

$$B_4O_5(OH)_4^{2-} + 5H_2O = 2H_3BO_3 + 2B(OH)_4^-$$

(3)铝单质的性质

铝单质具有较强的还原性,可与水、氧气等反应。

(4)氢氧化铝和氧化铝的性质

氢氧化铝具有两性,可与酸反应生成金属阳离子,可与碱反应生成偏铝酸盐。氧化铝具有较强的吸附能力,在工业上应用广泛。

3. 仪器和试剂

(1)仪器

玻璃棒,玻璃片,胶头滴管,蒸发皿,砂纸,煤气灯,细玻璃管,滴液漏斗

(2)试剂

精密 pH 试纸,甲基橙,甘油,硼酸固体,浓硫酸,乙醇,6 mol/L 盐酸,硼砂晶体,镍铬丝,硝酸钴或氯化铬溶液,0.2 mol/L $HgCl_2$溶液,0.5 mol/L $NaNO_3$溶液,40% NaOH 溶液,铝片,0.5 mol/L $AlCl_3$溶液,2 mol/L $NH_3 \cdot H_2O$ 溶液,2 mol/L NaOH 溶液,2 mol/L HCl 溶液,0.5 mol/L HNO_3溶液,0.1 mol/L $KMnO_4$溶液,0.1 mol/L $K_2Cr_2O_7$溶液

4. 实验内容

(1)硼酸

1)硼酸的酸性

自己配制 3 mL 硼酸饱和溶液,用 pH 试纸测定其 pH 值。往溶液中加 1 滴甲基橙后分成

两份,在其中一份中加几滴甘油,摇匀,与另一份对比,观察指示剂颜色有何变化,试解释之。

2)硼的焰色反应

在蒸发皿内放少量硼酸固体(绿豆般大即可),加几滴浓硫酸和1 mL乙醇,用玻璃棒将混合物搅匀后点燃,由于生成的硼酸三乙酯蒸气燃烧,所以发出绿色的特征火焰。

想一想:用硼砂代替硼酸做同样的实验,现象有何异同?

(2)硼砂

1)制硼砂珠

取少量6 mol/L盐酸、硼砂晶体分别置于点滴板凹穴中。先清除顶端弯成小圈(直径约3 mm)的镍铬丝表面的杂物,再将它在氧化焰中灼烧片刻后浸入盐酸中,取出再灼烧,直至火焰保持煤气灯焰的颜色;趁热蘸些细小的硼砂晶体在氧化焰中灼烧。如此反复几次,直至得到足够大的透明圆珠。

2)用硼砂珠鉴别钴盐和铬盐

用烧红的硼砂珠分别蘸取硝酸钴和氯化铬溶液,并在氧化焰中熔融。将煤气灯稍倾斜,用蒸发皿承接烧熔后震落的有色硼砂珠。根据硼砂珠冷却后的特征颜色,可鉴别金属阳离子。

$Na_2B_4O_5(OH)_4 \cdot 8H_2O \xrightarrow{>878\ ℃} B_2O_3 + 2NaBO_2 + 10H_2O\uparrow$

$CoO + B_2O_3 = Co(BO_2)_2$(蓝色)

$Cr_2O_3 + 3B_2O_3 = 2Cr(BO_2)_3$(绿色)

焰色反应、熔珠实验属干法分析,可作为鉴别物质的一种辅助方法。

3)硼砂溶液的缓冲作用

将0.2g硼砂溶于10 mL水中,用精密pH试纸测试溶液的酸碱度,通过实验证实它有缓冲作用。以同体积的蒸馏水同时作对照实验。

硼砂溶液中加入不同量的H_3BO_3溶液,便得到具不同pH值的缓冲溶液,进行该实验,并证实溶液有缓冲能力(表3.3中的数据可供参考)。

表3.3　参考数据

缓冲溶液的pH值	6.77	7.78	8.22	8.69	8.98	9.24
0.2 mol/L硼酸/mL	9.7	8.0	6.5	4.0	2.0	0
0.05 mol/L硼砂/mL	0.3	2.60	3.5	6.0	8.0	10

(3)铝单质的性质

1)铝与水、空气中氧的反应

在点滴板凹穴中滴加两滴0.2 mol/L $HgCl_2$溶液,将一铝片的一半浸在$HgCl_2$溶液中,金属铝表面很快变为灰白色(形成了Al-Hg齐),取出后用水洗去多余的$HgCl_2$,并将此铝片放入小试管中,加少量水,观察氢气在铝片哪一部分逸出,如现象不明显可将试管放在水浴中微热。观察完后弃去溶液,取出铝片,用吸水纸将其表面吸干,以免水膜影响Al_2O_3的成长。将铝片置小烧杯中,约10 min后,有松软的$Al_2O_3 \cdot xH_2O$生成。反应如下:

$$2Al + 3Hg^{2+} = 2Al^{3+} + 3Hg\text{(同时形成 Al-Hg)}$$

$$2Al(Hg) + 6H_2O = 2Al(OH)_3\downarrow + 3H_2\uparrow(Hg)$$

$$4Al(Hg) + 3O_2 + 2xH_2O = 2Al_2O_3 \cdot xH_2O(Hg)$$

2)金属铝的强还原性

在试管中加入 0.5 mL 0.5 mol/L $NaNO_3$溶液,再加少量 40% NaOH 溶液,使溶液显强碱性,再加入铝片,用湿 pH 试纸在试管口检验逸出的 NH_3。

$$8Al + 3NO_3^- + 5OH^- + 18H_2O = 8Al(OH)_4^- + 3NH_3 \uparrow$$

(4) $Al(OH)_3$的生成及其性质

取 0.5 mol/L $AlCl_3$溶液分别盛于 3 支试管中,均滴入 2 mol/L $NH_3 \cdot H_2O$,观察 $Al(OH)_3$沉淀的生成,分别向 3 支试管中加入 2 mol/L $NH_3 \cdot H_2O$、2 mol/L NaOH、2 mol/L HCl,观察现象,写出反应式。

(5) γ-Al_2O_3的吸附性

利用 Al_2O_3对不同物质的吸附性的差别,可以进行色层分离。

取长约 50 cm,直径约 1 cm 的玻璃管一支,填充层析用的 γ-Al_2O_3,使其成为紧密而无气泡空隙的吸附柱,全部 Al_2O_3浸泡在 0.5 mol/L HNO_3中。

取 0.1 mol/L 的 $KMnO_4$溶液和 0.1 mol/L $K_2Cr_2O_7$溶液各 3 mL,混合均匀后,从滴液漏斗加到吸附管内,调好流速。待混合液进入吸附柱后,再用 0.5 mol/L HNO_3淋洗。要始终保持 Al_2O_3吸附柱浸泡在 HNO_3中,不要使柱内液体流空而产生裂缝。

混合液在吸附柱上部形成彩色环形带。用 HNO_3淋洗时,吸附柱的色层下移,$KMnO_4$与 $K_2Cr_2O_7$逐渐分开,上层是橙色的 $K_2Cr_2O_7$环带,下层是紫色的 $KMnO_4$环带。

5. 思考题

①As、Sb、Bi、Sn、Pb、Al 的盐类存在形式与其氧化物的水化物酸碱性的关系?

②为什么硼酸是一元酸? 加入甘油后,硼酸溶液的酸度为何会增强?

③是否可用硼酸代替硼砂做硼砂珠实验? 为什么?

④铝盐、铝酸盐、氢氧化铝之间相互转化的条件是什么?

⑤能否用加热三氯化铝水合物脱水的方法制备无水 $AlCl_3$? 能在水溶液中制得 Al_2S_3吗? 为什么?

实验 14 碳、硅、锡、铅

1. 实验目的

①了解活性炭的吸附性。

②制备一氧化碳并试验其还原性。

③试验碳酸盐和硅酸盐的性质。

④了解锡、铅化合物的性质。

2. 实验原理

锡和铅有氧化态为 +2 和 +4 两个系列的氧化物和氢氧化物,锑和铋也有氧化态为 +3 和 +5 两个系列的氧化物和氢氧化物。这些氢氧化物都具有两性,但一般来说,低氧化态的氢氧化物呈两性偏碱，而高氧化态的氢氧化物则呈两性偏酸，但目前仍未制得氧化态为 +5 的铋酸。

$$Sn(OH)_2 + NaOH = NaSn(OH)_3$$

$Sn(OH)_3^-$ 由于发生歧化反应而慢慢析出黑色的 Sn：

$$2Sn(OH)_3^- \rightleftharpoons Sn(OH)_6^{2-} + Sn$$

基于上述氢氧化物的酸碱性，它们相应的盐均可发生不同程度的分级水解，水解的产物为碱式盐、酰基盐或氢氧化物。

在一般情况下，Sn(Ⅳ)没有明显的氧化性，这说明 Sn(Ⅱ)的还原能力很强，故 Sn(Ⅱ)是常用的还原剂，即使是较弱的氧化剂，如 $HgCl_2$、Hg_2Cl_2、Bi^{3+} 等也能被还原。

$$Sn^{2+} + 2Hg^{2+} + 2Cl^- = Sn^{4+} + Hg_2Cl_2\downarrow(白)$$

$$Sn^{2+} + Hg_2Cl_2 = Sn^{4+} + 2Cl^- + 2Hg\downarrow(黑)$$

由于加入 $SnCl_2$ 的量不同，所得 Hg_2Cl_2 与 Hg 的比例就不同，沉淀的混合色（灰黑色）也就深浅不一。该反应常用来鉴定 Sn^{2+} 或 Hg^{2+}。

锡、铅、锑和铋的常用难溶盐主要是硫化物及某些含氧酸盐。其中多数铅盐是难溶的，如 $PbSO_4$、$PbCrO_4$（铬黄）、$[Pb(OH)]_2CO_3$（铅白）等，而可溶性铅盐都有毒。难溶性铅盐常通过形成易溶性配位离子 $PbCl_4^{2-}$、$Pb(Ac)_3^-$、$Pb(OH)_3^-$ 等溶解。

锡、铅和锑的硫化物不溶于稀 HCl，但可溶于浓 HCl，生成氯化配离子和 H_2S 气体。SnS_2、Sb_2S_3 和 Sb_2S_5 呈酸性，可溶于过量的 Na_2S 或 $(NH_4)_2S$ 溶液，生成硫代酸盐。

SnS 一般不溶于 Na_2S，但其中有多硫离子时，则因被氧化而溶解。

Bi_2S_3 既不溶于浓盐酸，也不溶于 Na_2S、$(NH_4)_2S$ 和多硫化物，只能借助氧化性酸将其氧化而使 Bi^{3+} 转移到溶液中去。

3. 仪器和试剂

(1) 仪器

试管，分液漏斗，烧瓶，锥形瓶，离心管，离心机。

(2) 试剂

靛蓝溶液，活性炭，0.001 mol/L $Pb(NO_3)_2$ 溶液，0.5 mol/L K_2CrO_4 溶液，HCOOH，浓 H_2SO_4，0.5 mol/L $AgNO_3$ 溶液，2 mol/L $NH_3 \cdot H_2O$ 溶液，银氨溶液，镁条，Na_2CO_3、$NaHCO_3$ 固体，澄清石灰水，0.5 mol/L 的 $MgCl_2$、$BaCl_2$ 溶液，0.1 mol/L $CrCl_3$ 溶液，0.5 mol/L Na_2CO_3 溶液，2 mol/L HCl 溶液，pH 试纸，20% Na_2SiO_3 溶液，饱和 NH_4Cl 溶液，铜氨溶液，硅胶，水玻璃，固体氯化钙、硫酸铜、硝酸钴（Ⅱ）、硫酸镍（Ⅱ）、三氯化铁、硫酸铬、硫酸锌，0.2 mol/L $SnCl_2$ 溶液，2 mol/L 和 6 mol/L 的 NaOH 溶液，0.2 mol/L $Pb(NO_3)_2$ 溶液，0.2 mol/L $SnCl_2$ 和 $Bi(NO_3)_3$ 溶液，PbO_2 固体，6 mol/L HCl，6 mol/L HNO_3，0.002 mol/L $MnSO_4$ 溶液，0.5 mol/L 和 6 mol/L 的 NaCl 溶液，0.5 mol/L Na_2SO_4 溶液，6 mol/L NH_4Ac 溶液，0.5 mol/L $BaCl_2$ 溶液。

4. 实验内容

(1) 活性炭的吸附性

①往 2 mL 靛蓝溶液中加入一小勺活性炭，充分摇荡试管，用普滤法滤去（或离心分离）活

性炭，观察溶液颜色变化。

②往 2 mL 0.001 mol/L $Pb(NO_3)_2$溶液中加入几滴 0.5 mol/L K_2CrO_4溶液，观察黄色 $PbCrO_4$沉淀的生成。

$$Pb^{2+} + CrO_4^{2-} = PbCrO_4 \downarrow$$

另取 2 mL 0.001 mol/L $Pb(NO_3)_2$溶液，加入一小勺活性炭，充分摇荡后滤去活性炭，往滤液中加入几滴 0.5 mol/L K_2CrO_4溶液。观察实验现象。

想一想：和未加活炭的实验对比，实验现象有何不同？为什么？

(2)一氧化碳的制备及其还原性

1)一氧化碳的制备

在烧瓶中加入 4 mL HCOOH，分液漏斗内加 5 mL 浓 H_2SO_4，洗气瓶内装水以除去酸雾。然后把仪器连接好，由分液漏斗慢慢往烧瓶中加入浓 H_2SO_4，并加热，观察现象。写出反应式(注意 CO 有毒，操作必须在通风橱中进行)。

2)一氧化碳的还原性

往 1 mL 0.5 mol/L $AgNO_3$溶液中滴入 2 mol/L $NH_3 \cdot H_2O$ 溶液，直到最初生成的沉淀刚好溶解。

$$Ag^+ + 2NH_3 = [Ag(NH_3)_2]^+$$

把 CO 气体通入银氨溶液中，观察产物的颜色和状态。

$$2[Ag(NH_3)_2]^+ + CO + 2H_2O = 2Ag \downarrow + 4NH_4^+ + CO_3^{2-}$$

(3)二氧化碳和镁反应

将镁条点燃，并迅速放入充满二氧化碳的锥形瓶中，观察镁条在二氧化碳中的燃烧情况。

(4)碳酸盐的性质

1)碳酸盐的热稳定性及 CO_3^{2-} 与 HCO_3^- 的相互转化

在两支干燥试管中分别加入约 2 g Na_2CO_3、$NaHCO_3$固体，在直立的试管中加少量澄清的石灰水。加热固体，观察石灰水变浑浊的先后顺序(Na_2CO_3中往往含有少量 $NaHCO_3$，要注意识别假象)。继续加热通入 CO_2，石灰水中出现的沉淀有什么变化？将此溶液加热又有何现象？写出以上各反应式。

比较 Na_2CO_3与 $NaHCO_3$的热稳定性，总结 CO_3^{2-} 与 HCO_3^- 相互转化的条件。

2)CO_3^{2-} 与金属离子的反应

在 3 支离心管中分别加入 1 mL 0.5 mol/L $MgCl_2$溶液、0.5 mol/L $BaCl_2$溶液、0.1 mol/L $CrCl_3$溶液，均加入适量的 0.5 mol/L Na_2CO_3溶液至生成的沉淀量相近。离心，弃去溶液，将沉淀洗净(洗至洗涤液加酸不产生气泡)，然后加入 2 mol/L HCl，观察三者有何区别。

根据实验现象判断生成物(碳酸盐、碱式碳酸盐或氢氧化物)。

(5)硅酸与硅酸盐

1)硅酸盐的水解

先用 pH 试纸测试 20% Na_2SiO_3溶液的 pH 值，然后混合少量 Na_2SiO_3与饱和 NH_4Cl 溶液，观察产物的颜色和状态，用 pH 试纸在试管口检验气体产物(现象不明显时可微热)，写出 Na_2SiO_3与 NH_4Cl 反应的反应式。

2)硅酸的弱酸性

往盛有少量Na_2SiO_3溶液的试管中通入CO_2,观察现象,写出反应式,比较H_2SiO_3、H_2CO_3酸性的强弱。

3)硅胶的吸附性

硅酸凝胶经过处理便得到多孔性硅胶,它有很强的吸附能力。

取2 mL铜氨溶液,加少量硅胶,充分摇荡,观察溶液及硅胶的颜色有何变化。

4)微溶性硅酸盐的生成——"水中花园"

在几支盛有水玻璃($Na_2O \cdot xSiO_2$)的试管中,分别加一小粒固体氯化钙、硫酸铜、硝酸钴(Ⅱ)、硫酸镍(Ⅱ)、三氯化铁、硫酸铬、硫酸锌放置片刻,观察现象,再过0.5 h后,又有什么变化?记录这些难溶性硅酸盐的颜色。

如果想将此"水中花园"保留一段时间,可用滴管小心地将水玻璃吸出,换上清水。吸出的水玻璃还能再用来建"水中花园"。

(6)锡、铅的氢氧化物

1)$Sn(OH)_2$

在两支离心管中加入少量0.2 mol/L $SnCl_2$溶液,再滴加2 mol/L NaOH溶液,观察$Sn(OH)_2$的生成和颜色。离心,弃去清液,分别加入2 mol/L NaOH溶液和2 mol/L HCl观察现象并解释。

放置$Sn(OH)_2$溶于碱所得的溶液,观察实验现象并解释其原因。

$$2Sn(OH)_3^- \rightleftharpoons Sn(OH)_6^{2-} + Sn$$

2)$Pb(OH)_2$

操作同1),用0.2 mol/L $Pb(NO_3)_2$溶液制两份$Pb(OH)_2$,并分别与稀碱及稀酸作用。

想一想:$Pb(OH)_2$适宜与哪种稀酸作用?

根据实验结果,总结$Sn(OH)_2$和$Pb(OH)_2$的酸碱性。

(7)Sn(Ⅱ)的还原性和Pb(Ⅳ)的氧化性

1)Sn^{2+}的还原性

取几滴0.2 mol/L $Pb(NO_3)_2$溶液,逐滴加入0.2 mol/L $SnCl_2$溶液,观察实验现象;继续滴入$SnCl_2$溶液,注意摇动试管,然后放置片刻,观察实验现象有何变化。

2)$Sn(OH)_3^-$的还原性

混合少量0.2 mol/L $SnCl_2$和$Bi(NO_3)_3$溶液,有无变化?再加入足量2 mol/L NaOH溶液,立即析出黑色的金属铋:

$$3Sn(OH)_3^- + 2Bi^{3+} + 9OH^- = 3Sn(OH)_6^{2-} + 2Bi\downarrow$$

这个反应常用来检查Bi^{3+}。反应的特点是迅速,生成的Bi易下沉。

想一想:在何种介质中,Sn(Ⅱ)的还原能力增强。

3)PbO_2的氧化性

①取少量PbO_2固体与6 mol/L HCl溶液作用,观察现象,证实有无Cl_2生成。

②取很少量PbO_2于试管中,加1 mL 6 mol/L HNO_3溶液和2滴0.002 mol/L $MnSO_4$溶液,微热,待溶液静置澄清后,观察溶液的颜色,写出离子反应式。

(8)铅的难溶盐

难溶性铅盐常通过形成易溶配位离子$PbCl_4^{2-}$、$Pb(Ac)_3^-$、$Pb(OH)_3^-$等溶解。

1) $PbCl_2$

①向试管中加入 1 mL 0.2 mol/L $Pb(NO_3)_2$溶液,再加入 0.5 mL 0.5 mol/L NaCl 溶液,即有白色沉淀 $PbCl_2$生成。加热,沉淀是否溶解?溶液冷却后又有什么变化?说明 $PbCl_2$溶解度与温度的关系。

②将 $PbCl_2$上层溶液弃去,往 $PbCl_2$沉淀中加入 6 mol/L NaCl 溶液。观察实验现象。

想一想:是否沉淀剂越多,沉淀反应越完全?

2) $PbSO_4$

①混合少量 $Pb(NO_3)_2$和 0.5 mol/L Na_2SO_4溶液,制取两份 $PbSO_4$,弃去上层溶液。试验 $PbSO_4$ 在 6 mol/L NH_4Ac 和 NaOH 溶液中的溶解情况。

②用 0.5 mol/L $BaCl_2$与 Na_2SO_4溶液反应,制取两份少量 $BaSO_4$沉淀,向沉淀中加入 6 mol/L NH_4Ac 和 Na_2SO_4溶液,观察实验现象。

想一想:如何区别 $PbSO_4$和 $BaSO_4$?

(9) 小设计:确定 Pb_3O_4的氧化态

自己设计实验步骤,证实 Pb_3O_4 中含 Pb(Ⅱ)与 Pb(Ⅳ)。要求写出各步反应式与实验现象。

5. 思考题

①用热力学数据说明:镁能在 CO_2 中燃烧,而炭不能,但在高温下也能与 CO_2 反应生成 CO。

②综合实验结果,查阅有关资料,归纳常见金属离子与 CO_3^{2-} 反应所得产物的类型。

③小结砷、锗分族高低氧化态化合物的氧化还原性变化规律。

④配制 $SnCl_2$溶液时,为什么既要加盐酸又要加锡粒?

实验 15　氮、磷

1. 实验目的

①试验铵盐的主要性质。

②试验亚硝酸的不稳定性、氧化性和还原性。

③试验硝酸的强氧化性、硝酸盐的热分解。

④试验磷酸盐的主要性质及磷酸根的鉴定反应。

2. 实验原理

(1) NH_3与 H_2O

NH_3与 H_2O 一样,分子间存在氢键,与同族其他元素的氧化物相比,具有特别高的沸点。NH_3是弱碱,H_2O 作为溶剂,显中性。NH_3和 H_2O 一样,对金属离子有很强的配位能力和溶剂化能力。

(2)铵盐

①NH_4^+与K^+和Rb^+的电荷相同,离子半径相近(分别为143 pm、133 pm、148 pm),故铵盐与钾盐和铷盐的晶型相同,溶解度也相近。

②所有的铵盐都发生一定程度的水解。

③铵盐的热稳定性都较差。组成铵盐的酸的性质及分解条件不同,其分解产物就不同。总的来说,若酸是无氧化性的挥发酸(如HCl),则分解产物氨和酸一起挥发,遇冷又结合成盐;若酸的氧化性很弱且难挥发(如H_2PO_4、H_2SO_4),则氨挥发,酸或酸式盐留下来;若相应的酸(如HNO_3、HNO_2、$H_2Cr_2O_7$)有氧化性,则分解产生的NH_3会立即被氧化,产物视反应条件而异,一般是氨被氧化为氮气。

(3)氮的含氧酸及其盐

HNO_2和HNO_3都是较强的氧化剂。硝酸作氧化剂时,其还原产物是多种多样的。通常稀HNO_3被还原为NO(活泼金属把稀HNO_3还原成NH^{4+}),浓HNO_3被还原为NO_2。冷的浓HNO_3会使某些金属(Ti、V、Cr、Al、Fe、Co、Ni等)钝化。亚硝酸HNO_2很不稳定,很容易发生歧化分解。

当遇上强氧化剂时,亚硝酸或亚硝酸盐表现出还原性。

亚硝酸盐的热稳定性一般比硝酸盐强。硝酸盐热分解产物随金属元素活泼性的不同而不同。

(4)磷的含氧酸及其盐

磷酸容易通过分子间缩水形成环状或链状的多磷酸。链状的多磷酸通式为$H_{n+2}P_nO_{3n+1}$,随着链增长($n=16\sim90$),就成为高分子多磷酸,高分子多磷酸常称为高聚磷酸。

磷酸根有较强的配位(螯合)能力。例如,借助可溶的无色配合物$H_3[Fe(PO)_2]$或$H[Fe(HPO_4)_2]$的形成,可以掩蔽Fe^{3+}。在锅炉水中加入可溶性的磷酸二氢钠(加热后生成格雷恩盐),它可与水中所含的Ca^{2+}、Mg^{2+}等形成可溶性的螯合物,从而防止产生锅炉水垢。焦磷酸盐作为重要的电镀液用于无氰电镀,主要是因为它对金属有很强的配位能力。

与多元酸分级离解相对应,易溶的多元酸盐发生分级水解。相应的盐有正盐和酸式盐。在难溶盐中,正盐的溶解度最小。

所有磷酸盐的热稳定性都较强。

3. 仪器和试剂

(1)仪器

试管,表面皿,玻璃棒,酒精灯,点滴板,试管夹

(2)试剂

奈斯勒试剂,pH试纸,NH_4Cl固体,NH_4Cl溶液,$(NH_4)_2HPO_4$固体,饱和$NaNO_2$溶液,1 mol/L H_2SO_4溶液,0.1 mol/L KI溶液,0.1 mol/L $NaNO_2$溶液,3 mol/L H_2SO_4溶液,0.01 mol/L $KMnO_4$溶液,浓HNO_3,0.2 mol/L HNO_3溶液,$NaNO_3$固体,木炭,$Pb(NO_3)_2$固体,$AgNO_3$固体,硫粉,Na_3PO_4、Na_2HPO_4、NaH_2PO_4固体,0.1 mol/L Na_3PO_4、Na_2HPO_4、NaH_2PO_4溶液,0.5 mol/L $CaCl_2$溶液,2 mol/L $NH_3\cdot H_2O$溶液,2 mol/L盐酸,饱和$(NH_4)_2MoO_4$溶液,镁铵试剂,0.01 mol/L Na_3PO_4、$Na_4P_2O_7$、$NaPO_3$溶液,0.1 mol/L $AgNO_3$溶液

4. 实验内容

(1) 铵盐

1) NH_4^+(或 NH_3)的鉴定

a. 气室法。

$$NH_4^+ + OH^- \rightleftharpoons NH_3\uparrow + H_2O$$

NH_4^+遇碱生成 NH_3,加热利于 NH_3的逸出,NH_3能使湿润的 pH 试纸显碱色,pH 值在 10 以上。

取几滴铵盐溶液于表面皿中,在另一块较小的表面皿中心粘一小块 pH 试纸,然后在铵盐溶液中加几滴 6 mol/L NaOH 溶液至呈碱性,随即盖上粘有试纸的表面皿做成"气室",将此气室放在蒸汽浴上微热,观察 pH 试纸是否变色。

b. 奈氏法。

奈氏法即用奈斯勒试剂检验 NH_4^+。在白色点滴板上加一滴铵盐溶液,再加 2 滴奈斯勒试剂(K_2HgI_4的碱性溶液),即产生红褐色的碘化氨基氧汞沉淀(NH_4^+极少量时生成棕色或黄色溶液)。

$$NH_4^+ + 2HgI_4^{2-} + 4OH^- = 7I^- + 3H_2O + \underset{\text{红色}}{Hg_2NI\cdot H_2O}$$

注意,凡能与 OH^-反应生成有色氧化物沉淀的金属离子如 Fe^{3+}、Co^{2+}等,如果溶液中有 S^{2-},HgI_4^{2-}将会分解而失效:

$$HgI_4^{2-} + S^{2-} = HgS\downarrow + 4I^-$$

2) 铵盐的热分解

①NH_4NO_2的生成和分解。

在试管中混合少量饱和 $NaNO_2$、NH_4Cl 溶液,观察有无变化;再将盛混合液的试管置于水浴中加热,观察有无气体生成。

$$NaNO_2 + NH_4Cl = NaCl + NH_4NO_2$$

$$NH_4NO_2 \overset{\triangle}{=} N_2\uparrow + 2H_2O$$

想一想:在常温下,NH_4^+与 NO_2^-能否共存?

实验室中常利用此反应制备少量 N_2。本实验也可以说明 NH_3(或 NH_4^+)的还原性。

②NH_4Cl 的热分解。

用干试管盛少量 NH_4Cl 固体,将试管垂直固定,用湿润的 pH 试纸横放在管口,加热,观察试纸颜色变化。用实验证实试管上端的白色晶体仍为 NH_4Cl,写出反应式。

③用$(NH_4)_2HPO_4$固体代替 NH_4Cl 进行实验,现象有何不同? 为什么? 写出反应式。

综合以上实验,小结铵盐热分解的一般规律。

(2) 亚硝酸的生成和性质

1) HNO_2的生成和分解

取 1 mL 饱和 $NaNO_2$溶液、1 mol/L H_2SO_4溶液分别放入冰水中冷却,然后将两溶液混合均匀,观察浅蓝色的出现和变化。解释现象,写出反应式。

2）HNO_2的氧化性

往0.5 mL 0.1 mol/L KI溶液中加几滴0.1 mol/L $NaNO_2$溶液，观察有无变化；再加入少量3 mol/L H_2SO_4溶液，观察产物的颜色和状态，并用最简单的方法证实I_2的生成，写出反应式（此时NO_2^-被还原为NO）。

3）HNO_2的还原性

在数滴0.01 mol/L $KMnO_4$溶液中加几滴0.1 mol/L $NaNO_2$溶液，最后加入少量稀H_2SO_4，观察有何变化，写出反应式。

（3）硝酸的氧化性

1）浓HNO_3与非金属的作用（在通风橱内进行）

在试管内放少许硫粉，加入1 mL浓HNO_3，用水浴加热到反应进行。静置，取少量反应后的上层清液于另一试管中，检验有无SO_4^{2-}生成，写出反应式。（此时被HNO_3还原的产物主要是NO，NO在试管口才变为红棕色的NO_2）

2）稀HNO_3与活泼金属的反应

取0.5 mL 0.2 mol/L HNO_3加水稀释至2 mL，加入一小片锌，如反应不明显可微热。待反应一段时间后，向溶液中加入NaOH溶液至溶液呈碱性，证实有NH_4^+存在。

想一想：鉴定NH_4^+时，为什么要使溶液呈碱性（即加入NaOH至生成的白色$Zn(OH)_2$沉淀完全溶解）？

写出反应式（此时被HNO_3还原的主要产物为NH_4^+）。

（4）硝酸盐的热分解

1）$NaNO_3$的热分解

在干燥的硬质试管中，加入约1 g $NaNO_3$固体，将试管垂直固定，加热至$NaNO_3$熔化分解，投入一小粒烧红的木炭，停止加热。观察燃着的木炭在熔融液的表面跳动。主要反应是：

$$2NaNO_3 = 2NaNO_2 + O_2$$

$$C + O_2 = CO_2$$

待试管冷却后，用实验证实试管中的产物是$NaNO_2$（可用$NaNO_3$对照做还原性实验）。

2）$Pb(NO_3)_2$的热分解

在干燥试管中加入少量$Pb(NO_3)_2$固体，在通风橱内逐渐用大火加热试管，观察产物的颜色和状态，用阴燃的卫生香检验生成的气体。

注意：不能用大颗粒的固体，否则加热时大颗粒固体易因爆裂过猛而溅出试管外。

3）$AgNO_3$的热分解（演示）

用$AgNO_3$代替$Pb(NO_3)_2$做同样的实验。

想一想：写出以上硝酸盐的热分解方程式，它们的分解产物有何共同之处？总结硝酸盐热分解产物有差异的原因。

（5）正磷酸盐的性质

1）磷酸盐溶液的酸碱性

在点滴板的凹穴中分别放一小粒Na_3PO_4、Na_2HPO_4、NaH_2PO_4固体，加几滴蒸馏水使其溶解，用pH试纸测试它们的酸碱性，解释PO_4^{3-}、HPO_4^{2-}、$H_2PO_4^-$溶液的pH值为何不同。

2）磷酸盐的溶解性及PO_4^{3-}、HPO_4^{2-}、$H_2PO_4^-$的相互转化

在3支试管中分别加入1 mL 0.1 mol/L Na_3PO_4、0.1 mol/L Na_2HPO_4、0.1 mol/L NaH_2PO_4溶液，均滴入0.5 mol/L $CaCl_2$溶液，观察是否都有沉淀产生。往没有产生沉淀的那份溶液中滴入2 mol/L $NH_3 \cdot H_2O$，观察有何变化。最后检验这些沉淀是否溶于2 mol/L 盐酸，写出有关反应式。

想一想：在磷酸盐、磷酸氢盐、磷酸二氢盐中，何者溶解度最大？说明它们之间的转化条件。

(6)磷酸根的鉴定

1) PO_4^{3-}的鉴定

①磷钼酸铵沉淀法。

取几滴磷酸盐溶液，加入等体积的 6 mol/L HNO_3 和约为试液体积 3 倍的饱和$(NH_4)_2MoO_4$溶液，观察有无黄色沉淀形成，必要时可微热。

$$PO_4^{3-} + 3NH_4^+ + 12MoO_4^{2-} + 24H^+ = (NH_4)_3PO_4 \cdot 12MoO_3 \cdot 6H_2O\downarrow + 6H_2O$$

黄色

生成的沉淀溶于过量的碱金属磷酸盐，形成可溶性配合物，所以要加入过量的钼酸铵。沉淀也溶于碱中，故该鉴定反应不能在碱性介质中进行。

加热时，$P_2O_7^{4-}$、PO_3^-也有相同的反应。

②磷酸铵镁沉淀法。

在几滴被检试液中，加入数滴磷酸镁铵试剂(NH_4Cl 与 $MgCl_2$、NH_3的混合溶液)，如有白色结晶出现，表示有 PO_4^{3-}。必要时可用玻璃棒摩擦试管壁破坏过饱和现象，促使结晶生成。

$$PO_4^{3-} + Mg^{2+} + NH_4^+ + 6H_2O = MgNH_4PO_4 \cdot 6H_2O\downarrow$$

此沉淀溶于酸，如果被测试的溶液为酸性，应先用氨水调节至弱碱性，因碱性太强又会生成 $Mg(OH)_2$沉淀，所以反应要在 NH_4Cl—NH_3缓冲溶液中进行。

2)区别与鉴定 PO_4^{3-}、$P_2O_7^{4-}$、PO_3^-

①与 $AgNO_3$反应。

在3支试管中分别加入几滴0.01 mol/L Na_3PO_4、$Na_4P_2O_7$、$NaPO_3$溶液，滴入0.1 mol/L $AgNO_3$溶液至得到明显的沉定，从生成沉淀的颜色可以区分出哪种盐？再往沉淀中加入 2 mol/L HNO_3，它们是否溶解？

$AgPO_3$易溶于 HPO_3及可溶性偏磷酸盐(如 $NaPO_3$)溶液中，所以要加入足够的 $AgNO_3$才能得到 $AgPO_3$沉淀。

②对蛋白溶液的作用。

取少量正磷酸盐、焦磷酸盐、偏磷酸盐溶液，各加入少许2 mol/L HAc 调 pH 值至5左右，使各磷酸盐溶液中有相应的酸，再各加入0.5 mL 蛋白水溶液，观察哪个试管中出现蛋白凝固现象？

根据实验现象说明区分 PO_4^{3-}、$P_2O_7^{4-}$、PO_3^-的方法及反应条件。

5. 思考题

①为什么实验室常用"铵盐加碱并加热"的方法制取或鉴定 NH_3？"气室法"检验 NH_3有何优越之处？

②在氧化还原反应中,为什么一般不用硝酸、盐酸作为反应的酸性介质?在哪种情况下可以用它们作酸性介质?

③如何用实验鉴别 $NaNO_2$ 和 $NaNO_3$ 溶液?

实验16 过氧化氢和硫

1. 实验目的

①试验 H_2O_2 的氧化性、还原性及热稳定性。

②试验 H_2S 的还原性,了解各类硫化物的生成和溶解条件。

③掌握不同氧化态的硫的含氧化合物的主要化学性质。

2. 实验原理

(1) H_2O_2

纯的 H_2O_2 是近于无色的黏稠液体,但通常所用的是质量分数为3%或30%的 H_2O_2 的水溶液。

H_2O_2 分子中含有过氧基(—O—O—),由于过氧基的键能较小,因此 H_2O_2 分子不稳定,光照、加热和增大溶液的碱度均可加快其分解,某些重金属离子对 H_2O_2 的分解也有加速作用。在 H_2O_2 中,氧的氧化值为 -1,处于中间氧化态,因此它既有氧化性又有还原性。但在酸性介质中,其氧化性表现得尤为突出。

(2) 硫的某些重要化合物及其性质

硫的氢化物有 H_2S 和 H_2S_x,当 $x=2$ 时为过硫化氢,其相应的盐是硫化物和多硫化物。由于 S^{2-} 的半径比较大,变形性大,与重金属离子结合为硫化物时,其化学键显共价性,难溶于水,且各硫化物有明显不同的颜色和难溶程度,故常用硫化物的生成和溶解来分离和鉴定离子。在可溶性的硫化物浓溶液中加入硫粉时,硫溶解而生成相应的多硫化物。

(3) S^{2-}、SO_3^{2-}、$S_2O_3^{2-}$、SO_4^{2-} 的分离与检出

1) SO_4^{2-} 的检出

试液用 HCl 酸化,在所得清液中加入 $BaCl_2$ 溶液,生成白色 $BaSO_4$ 沉淀,示有 SO_4^{2-} 存在。

2) S^{2-} 的检出

试液中 S^{2-} 含量较多时,可酸化试液,用 $PbAc_2$ 试纸检查 H_2S。S^{2-} 含量较少时,可在碱性溶液中加入 $Na_2[Fe(CN)_5NO]^{2-}$ 溶液检验。

由于 S^{2-} 干扰 SO_3^{2-} 和 $S_2O_3^{2-}$ 的检出,因此在检出 SO_3^{2-} 和 $S_2O_3^{2-}$ 之前必须除去 S^{2-}。方法是加入固体 $CdCO_3$,借助沉淀的转化,将 S^{2-} 变成 CdS 沉淀除去。SO_3^{2-} 和 $S_2O_3^{2-}$ 则留在溶液中。

3) $S_2O_3^{2-}$ 的检出

在除去 S^{2-} 的溶液中加入稀 HCl 并加热,溶液变浑浊,示有 $S_2O_3^{2-}$ 存在。也可在试液中加入过量的 $AgNO_3$ 溶液,则生成白色的 $Ag_2S_2O_3$ 沉淀,此沉淀不稳定,立即水解,水解过程伴有颜色变化(白色→黄色→棕色→黑色)。

4) SO_3^{2-} 的检出

$S_2O_3^{2-}$ 干扰 SO_3^{2-} 的检出,故在检出 SO_3^{2-} 之前应把它除去。方法是在除去 S^{2-} 的溶液中加入 $SrCl_2$ 溶液,因 $SrSO_3$ 和 $SrSO_4$ 的溶解度很小而沉淀除去 $S_2O_3^{2-}$ 和 SO_3^{2-},$S_2O_3^{2-}$ 则留在溶液中,过滤后,在沉淀中加 HCl,并滴入 I_2-淀粉溶液,若溶液褪色,则示有 SO_3^{2-} 存在。

3. 仪器和试剂

(1) 仪器

试管,酒精灯,烧杯,点滴板,离心机,离心管,滤纸。

(2) 试剂

30% 和 6% 的 H_2O_2 溶液,0.2 mol/L $Pb(NO_3)_2$ 溶液,H_2S 水溶液,0.01 mol/L $KMnO_4$ 溶液,稀 H_2SO_4 溶液,MnO_2 粉末,pH 试纸,溴水,碘水,0.2 mol/L $FeCl_3$ 溶液,0.5 mol/L $MnSO_4$ 溶液,硼酸-硼砂缓冲液,0.2 mol/L 的 $CuSO_4$、$Hg(NO_3)_2$、$SnCl_2$ 溶液,6 mol/L HCl,2 mol/L HCl,浓 HNO_3,硫粉,0.5 mol/L Na_2S 溶液,Na_2SO_3 固体,品红溶液,$Na_2S_2O_3 \cdot 5H_2O$ 晶体,0.5 mol/L $Na_2S_2O_3$ 溶液,0.1 mol/L $AgNO_3$ 溶液,$K_2S_2O_8$ 固体,0.002 mol/L $MnSO_4$ 溶液,0.1 mol/L $AgNO_3$ 溶液。

4. 实验内容

(1) 过氧化氢

1) H_2O_2 的氧化性

H_2O_2 可以将黑色的 PbS 氧化成白色的 $PbSO_4$。

小知识:许多古画用的颜料含有 $2PbCO_3 \cdot Pb(OH)_2$(俗称铅白),时间长了,这些画会逐渐变黑,用 H_2O_2 稀溶液处理后,又可以恢复原来的色彩。

请用 30% H_2O_2、0.2 mol/L $Pb(NO_3)_2$ 溶液、H_2S 水溶液设计一个验证实验。

2) H_2O_2 的还原性

在试管中加入几滴 0.01 mol/L $KMnO_4$ 溶液,用少量稀 H_2SO_4 酸化后,滴入 6% H_2O_2 溶液,观察现象,写出反应式。

3) H_2O_2 的分解

往试管中加入 1 ~ 2 mL 6% H_2O_2 溶液,微热,观察是否有气泡产生?再往试管中加入少量的 MnO_2 粉末(注意加入的 MnO_2 一定要少,以防止分解过猛使 H_2O_2 喷溅到试管外),将带有余烬的卫生香伸入试管中,有何现象?

想一想:用电极电势解释 MnO_2 对 H_2O_2 分解反应的影响。

(2) 硫化氢和金属硫化物

1) H_2S 水溶液的弱酸性

在点滴板上用 pH 试纸测试 H_2S 水溶液的 pH 值。写出 H_2S 在水中的电离式。

2) H_2S 的还原性

观察和比较溴水、碘水与 H_2S 的反应,写出反应式。什么情况可以得到 SO_4^{2-}?请证实。

3) 硫化氢与常见金属离子的反应

①氧化性金属离子与 H_2S 发生氧化还原反应。

往0.2 mol/L $FeCl_3$溶液中滴入H_2S，观察硫的析出，用实验证实溶液中有Fe^{2+}生成。

②少数金属离子与H_2S作用，需调节溶液的pH值，才能得到金属硫化物。

取两份0.5 mol/L $MnSO_4$溶液，往其中一份加入等体积硼酸-硼砂缓冲液，使溶液pH≈8，再各加数滴H_2S，现象有何不同？为什么？试验MnS在2 mol/L HAc中的溶解情况。

想一想：溶液的碱性强了有何缺点？

③大部分金属离子与H_2S反应生成难溶硫化物。

在3支离心管中各加1 mL H_2S，再分别加入0.5 mL 0.2 mol/L $CuSO_4$、0.2 mol/L $Hg(NO_3)_2$、0.2 mol/L $SnCl_2$溶液，观察沉淀的生成和颜色。离心分离，弃去溶液并洗涤沉淀。沉淀保留，供"难溶硫化物的'溶解'"和"Na_2S_x的性质"实验用。

在产生H_2S的过程中，易生成$Hg(NO_3)_2 \cdot 2HgS$白色沉淀，此复合物进一步与H_2S作用逐渐变为黑色的HgS。

4）难溶硫化物的"溶解"

①往CuS沉淀中加少量6 mol/L HCl，沉淀是否溶解？离心，弃去溶液，再往沉淀中加入少量浓HNO_3。观察现象，写出反应式。

②往HgS沉淀中加少量浓HNO_3，沉淀是否溶解？再加入体积为浓HNO_3体积3倍的浓盐酸（即成王水），观察现象。

$$3HgS + 2NO_3^- + 12Cl^- + 8H^+ \xlongequal{} 3HgCl_4^{2-} + 3S\downarrow + 2NO\uparrow + 4H_2O$$

5）多硫化物的生成和性质

①Na_2S_x的生成。

在试管中加少许硫粉，再加入少量0.5 mol/L Na_2S溶液，微热。观察硫溶解所得溶液的颜色。

②Na_2S_x的性质。

a. 在酸性介质中不稳定。

取0.5 mL Na_2S_x溶液，加少量2 mol/L HCl，观察有何现象。

b. 氧化性。

往前实验制得的棕色SnS沉淀中滴入Na_2S_x至沉淀刚好溶解，再用2 mol/L HCl酸化所得溶液，析出黄色的SnS_2。

$$SnS + Na_2S_x \xlongequal{} Na_2SnS_3 + (x-2)S$$[①]

$$Na_2SnS_3 + 2HCl \xlongequal{} 2NaCl + \underset{\text{黄色}}{SnS_2\downarrow} + H_2S\uparrow$$

（3）亚硫酸盐的性质

1）亚硫酸盐遇酸分解成SO_2

取少量固体Na_2SO_3于试管中，加入少量3 mol/L H_2SO_4，观察现象，将品红滴在滤纸上，在试管口检验所产生的气体。

保留溶液供后续实验使用。

2）亚硫酸盐的氧化还原性

亚硫酸盐具有还原性，是常用的还原剂，但遇强还原剂时它也可显示氧化性。

a. 氧化性：在上述实验所得的H_2SO_3溶液中加入H_2S水溶液，观察硫的析出。

b. 还原性：在少量溴水中加入少量固体Na_2SO_3，观察现象，写出反应式。

(4)硫代硫酸钠的性质

1)遇酸分解

取2~3粒 $Na_2S_2O_3 \cdot 5H_2O$ 晶体溶于少量水中,再加几滴2 mol/L HCl,观察现象,写出反应式。

$S_2O_3^{2-}$ 遇酸分解析出硫的性质可用来检定 $S_2O_3^{2-}$。

2)还原性

分别往少量溴水和碘水中滴加0.5 mol/L $Na_2S_2O_3$溶液至颜色消失,写出反应式。

3)$S_2O_3^{2-}$的特征反应($S_2O_3^{2-}$的检定)

在试管中加入0.5 mL 0.1 mol/L $AgNO_3$溶液,再加几滴0.5 mol/L NaS_2O_3溶液,先产生白色 $Ag_2S_2O_3$沉淀,然后很快变黄变棕最后变黑。

$$Ag_2S_2O_3 + H_2O = 2H^+ + SO_4^{2-} + \underset{\text{黑色}}{Ag_2S}$$

想一想:如果往 $Na_2S_2O_3$溶液中滴入 $AgNO_3$将会出现什么现象?为什么?

4)$S_2O_3^{2-}$有强的配位能力

制取少量的AgBr沉淀,离心分离,弃去溶液。往AgBr沉淀中迅速加入足量的 $Na_2S_2O_3$溶液(避免生成 $Ag_2S_2O_3$),观察AgBr的溶解。

$$AgBr + 2S_2O_3^{2-} = Ag(S_2O_3)_2^{3-} + Br^-$$

该反应是冲洗照相底片的定影反应。底片上未感光的AgBr由于 Ag^+ 与 $S_2O_3^{2-}$ 生成易溶配合物而溶解。

(5)过二硫酸盐的性质

1)强氧化性

取少量 $K_2S_2O_8$固体于试管中,加入约3 mL 2 mol/L HNO_3使其溶解,再滴加2~3滴0.002 mol/L $MnSO_4$溶液,混合均匀后将溶液分为两份并向其中一份滴加1滴0.1 mol/L $AgNO_3$溶液,将两支试管同时置水浴中加热,观察两支试管的现象有何不同。

$$5S_2O_8^{2-} + 2Mn^{2+} + 8H_2O = 10SO_4^{2-} + 2MnO_4^- + 16H^+$$

想一想:实验结果说明 $S_2O_8^{2-}$、MnO_4^- 何者氧化性较强?

说明:a.该反应速度较慢,催化剂 Ag^+ 可使反应加快。

b. Mn^{2+} 不能过多,否则它会与生成的 MnO_4^- 反应生成棕色的 $MnO_2 \cdot H_2O$ 沉淀。

2)易分解

①取少量 $K_2S_2O_8$,加少量水溶解后,微热,观察气泡的生成,检验加热前后溶液中 SO_4^{2-} 的多少。

$$2K_2S_2O_8 + 2H_2O = 4KHSO_4 + O_2\uparrow$$

分解速度随温度升高而加快。

②往试验过二硫酸盐强氧化性实验中的那份未滴加 $AgNO_3$ 溶液的 $K_2S_2O_8$、HNO_3、$MnSO_4$ 混合液中滴入 $AgNO_3$溶液,水浴加热较长时间,观察实验现象,并解释原因。

5.思考题

①哪些物质既能作氧化剂又能作还原剂? H_2O_2被氧化和被还原的产物分别是什么? H_2O_2

常用作氧化剂的优点是什么？

②根据硫化物的溶度积和各类平衡间的关系，讨论硫化物的生成和溶解条件。

③H_2S、Na_2S、Na_2SO_3的溶液放置久了，会发生什么变化？如何判断变化情况？

④$Na_2S_2O_3$溶液和$AgNO_3$溶液反应，试剂的用量（或混合顺序）不同，产物有何不同？

⑤有3瓶无色透明溶液，它们可能是Na_2S、Na_2SO_3、Na_2SO_4、$Na_2S_2O_3$、$Na_2S_2O_8$中的3种，怎样通过实验识别它们？

实验17　卤　素

1. 实验目的

①了解溴和碘的物理性质。

②比较卤素单质的氧化性和卤素离子的还原性。

③试验卤化氢的生成以及它们的某些特性。

④试验某些卤素含氧酸盐的氧化性。

2. 实验原理

关于卤素化合物的酸碱性、配位能力等内容已分散在其他有关实验中练习了，本实验着重掌握卤素（除氟外）及其化合物的氧化还原性。

卤素单质均有较强的氧化性，在酸性溶液中其含氧酸的氧化性表现得更突出。常见的还原剂，如H_2S、H_2SO_3、Sn^{2+}和Fe^{2+}（对Fe^{2+}来说，I_2除外）等均能将其还原成相应的卤素离子。

卤素及其化合物之间的氧化还原反应主要有置换和倒置换反应、歧化和逆歧化反应、分解及氧化还原反应等。

综上所述，卤素的含氧化合物均不太稳定，常发生歧化反应。

3. 仪器和试剂

(1) 仪器

试管，烧杯，酒精灯，玻璃棒，涂有薄层石蜡的玻璃片，小坩埚。

(2) 试剂

0.5 mL 溴水，0.5 mL CCl_4，碘，蒸馏水，0.5 mol/L KI 溶液，2 mol/L NaOH 溶液，2 mol/L HCl，淀粉溶液，稀H_2SO_4，浓H_2SO_4，稀NaOH溶液，铝粉（或镁粉、锌粉），NaCl、KBr、KI固体，浓氨水，0.1 mol/L KBr溶液，0.1 mol/L KI溶液，0.2 mol/L $FeCl_3$溶液，铁钉，CaF_2粉末，浓H_3PO_4溶液，漂白粉，浓盐酸，KI-淀粉试纸，细粉状的$KClO_3$，硫粉，0.05 mol/L KIO_3溶液，3 mol/L H_2SO_4。

4. 实验内容

(1) 卤素单质的性质

1) 溴和碘的溶解性

①观察溴的颜色及与水分层情况。

想一想:实验室中如何保存溴?什么叫溴水?

②在试管中加 0.5 mL 溴水,再加 0.5 mL CCl_4,充分振荡试管,静置后观察溴水和 CCl_4(在下层)的颜色有何变化。比较溴在水和 CCl_4 中的溶解性。

③加一小片碘于试管中,加少量水并振荡试管,观察水相的颜色有无明显变化,再加少量 0.5 mol/L KI 溶液,观察溶液颜色变化,解释现象。

查找碘的饱和水溶液的浓度。怎样才能配得所需浓度的碘水?

④将上述③中所得碘溶液分成两份,一份留下供试验"卤素的歧化反应"用。往另一份中加入 0.5 mL CCl_4,充分振荡试管,静置后观察水层和 CCl_4 层的颜色变化,比较碘在水和 CCl_4 中的溶解性。

2)卤素的歧化反应

①在溴水中滴加 2 mol/L NaOH 溶液,观察有何变化。再加数滴 2 mol/L HCl,观察又有什么现象。

②用碘水代替溴水进行实验。

写出氯、溴、碘歧化反应的方程式。

3)碘的升华以及碘与淀粉的作用

①取一小片碘于干燥试管中,用水浴稍加热,观察碘升华所得碘蒸气的特征紫色。

小揭示:如果加热温度超过碘的三相点温度(388 K),则会出现碘熔化的现象。

②取几滴碘水,用水稀释至约 2 mL,加几滴淀粉溶液,观察颜色的变化。

③将上面所得的碘与淀粉形成的蓝色配合物分成三份。一份滴加稀 H_2SO_4,一份滴加稀碱,一份微热至褪色再放冷,观察各有何现象。

根据实验现象小结用淀粉检出碘的实验条件。

想一想:综合以上实验,证实碘的存在有几种方法?用什么简便的方法可以除去容器壁上的碘?如何回收和提纯碘?

4)卤素单质的氧化性

①氯、溴、碘氧化性比较:

用 KBr 溶液、KI 溶液、氯水、溴水等试剂设计实验,比较 Cl_2、Br_2、I_2 的氧化性强弱。

②碘与活泼金属直接作用(在通风橱内进行)

取少量碘,研细后与铝粉(或镁粉、锌粉)混合均匀,加入 2 滴水,观察现象。

(2)卤素离子还原性比较

1)卤化物与浓硫酸的反应(在通风橱内进行)

取 3 支干试管,分别加入少量 NaCl、KBr、KI 固体,均加入约 0.5 mL 浓硫酸,仔细观察产物的颜色和状态。可用玻璃棒蘸浓氨水或碘化钾-淀粉试纸置试管口证实气体产物,还可将试管微热,从碘蒸气的紫红色判断 I_2 的形成。

2)Br^-、I^- 还原性比较

在两支试管中分别加入 0.5 mL 0.1 mol/L KBr 溶液和 0.1 mol/L KI 溶液,然后各加入相同滴数的 0.2 mol/L $FeCl_3$ 溶液,观察现象有何不同。写出反应式。

如果 KBr 溶液浓度较大,与 $FeCl_3$ 溶液混合后,会出现 $FeBr_2^+$、$FeBr^{2+}$ 的浅红棕色,但它们不溶于 CCl_4。

综合以上 5 个反应,说明 Cl^-、Br^-、I^- 还原性变化规律。

(3)卤化氢

1)氟化氢的生成及其对玻璃的腐蚀

用铁钉在涂有薄层石蜡的玻璃片上刻出字迹(字迹必须透过石蜡层,使该处玻璃暴露)。另取少量 CaF_2 粉末置于小坩埚中,加适量水调成糊状涂在刻有字迹处,把玻璃片放入通风橱内,在涂有 CaF_2 处滴几滴浓硫酸。约 2 h 后,取出玻璃片,用水冲洗,刮去石蜡(切勿沾到手上),观察玻璃被腐蚀的情况,写出反应式。

2)溴化氢的生成

取少量 KBr 固体于干试管中,加入约 0.5 mL 浓 H_3PO_4 溶液,微热。观察现象与“KBr 和浓 H_2SO_4 反应”有何不同?设法证实反应产物。

(4)某些含氧酸盐的氧化性

1)次氯酸钙的氧化性

取少量 $Ca(ClO)_2 \cdot xCa(OH)_2 \cdot yH_2O$ (漂白粉)于试管中,加入少量浓盐酸,用 KI-淀粉试纸检验气体产物,注意试纸颜色变化,写出反应式。

小揭示:漂白粉易吸潮,也会因吸收 CO_2 而失效,取漂白粉后,随即盖紧。

2)氯酸钾的氧化性

各取约 0.3 g 细粉状 $KClO_3$ 与硫粉,在纸上混合均匀(切忌用力研磨),用纸包紧,在水泥地上用铁锤击之,可听到爆炸声,观察现象(操作时,不要俯视反应物)。

$$2KClO_3 = KCl + 3O_2 \uparrow$$

$$S + O_2 = SO_2$$

3)碘酸钾的氧化性

混合少量 0.05 mol/L KIO_3 与 0.1 mol/L KI 溶液,观察有无变化,再往混合液中加少量 3 mol/L H_2SO_4。观察有何变化并解释现象,写出离子反应式。

5. 思考题

①举例说明并解释 X^- 的还原性变化规律。

②小结 HF、HCl、HBr、HI 的实验室制法的异同。

实验18　铁、钴、镍

1. 实验目的

①试验铁、钴、镍的氢氧化物的生成和稳定性。

②试验 Fe(Ⅲ)的氧化性、Fe(Ⅱ)的还原性。

③试验铁、钴、镍的配合物的生成及其在离子鉴定中的应用。

2. 实验原理

铁、钴、镍3种元素属于铁族元素。它们是同一周期的元素,原子结构相似([Ar] $3d^{6\text{-}8}4s^2$),原子半径相近(115 ~117 pm)。

铁族元素常见的盐类是Fe(Ⅱ)、Fe(Ⅲ)、Co(Ⅱ)和Ni(Ⅱ)盐。其中硝酸盐、硫酸盐和卤化物均易溶于水。这些阳离子水合时,通常发生颜色变化,例如,Fe^{2+}由白色变成浅绿色,Co^{2+}由蓝色变成粉红色,Ni^{2+}由黄色变成亮绿色。它们的盐从水中结晶析出时,常形成带结晶水的晶体。随着结晶水量的变化,其颜色也发生变化。

铁族元素常见的重要难溶盐如表3.4所示。

表3.4　铁族元素常见的难溶盐

阳离子	阴离子			
	S^{2-}	CO_3^{2-}	CrO_4^{2-}	$[Fe(CN)_6]^{4-}$
Fe^{3+}	黑色	不存在	不存在	蓝色
Fe^{2+}	黑色	白色	白色	白色
Co^{2+}	黑色	粉红色	浅粉红色	绿色
Ni^{2+}	黑色	浅绿色	浅绿色	浅绿色

铁族元素的阳离子是配合物的最好形成体,能形成很多配合物。常见的较稳定配合物如表3.5所示。

表3.5　铁族元素常见的配合物

中心离子	配　体				
	H_2O	CN^-	NH_3	SCN^-	F^-
Fe^{3+}	浅紫色	浅黄色	—	血红色	无色
Fe^{2+}	浅绿色	黄色	—	无色	—
Co^{3+}	—	—	红色	—	—
Co^{2+}	粉红色	紫色	橙色	蓝色	—
Ni^{2+}	绿色	黄色	深蓝色	—	—

铁族元素氢氧化物的酸碱性完全符合一般规律:

M(Ⅵ)的氢氧化物为强酸,故无论是在酸性还是碱性溶液中均以酸根MO_4^{2-}的形式存在。其中较为重要的是高铁酸盐,FeO_4^{2-}与MO_4^-一样呈紫红色,与MO_4^{2-}、CrO_4^{2-}和SO_4^{2-}等类似,能使Ba^{2+}沉淀。

铁族元素的$M(OH)_3$和$M(OH)_2$均为碱,但碱性不强。新沉淀出来的$Fe(OH)_3$还有微弱的酸性,可溶于热的浓KOH溶液中,形成铁酸钾$KFeO_2$。因此铁族元素的可溶性盐均发生水解,且M^{3+}盐比M^{2+}盐的水解度要大些,尤以Fe^{3+}盐最为突出。Fe^{3+}盐的水解产物常使其溶液变成棕黄色或棕红色。

3. 仪器和试剂

(1)仪器

试管,点滴板,胶头滴管,离心管,离心机,镊子,石棉网,酒精灯。

(2)试剂

蒸馏水,3 mol/L H_2SO_4溶液,6 mol/L 和2 mol/L 的 NaOH 溶液,硫酸亚铁铵晶体,0.2 mol/L 和1 mol/L 的 $CoCl_2$溶液,0.2 mol/L $NiSO_4$溶液,6% H_2O_2,0.2 mol/L $FeCl_3$溶液,浓盐酸,溴水,6 mol/L $NH_3 \cdot H_2O$,1 mol/L KSCN 溶液,1mol/L NH_4F 溶液,戊醇,饱和 NH_4SCN 溶液,0.2 mol/L $(NH_4)_2Fe(SO_4)_2$溶液,0.5 mol/L $K_3Fe(CN)_6$溶液,0.3%邻二氮菲溶液,镍试剂,变色硅胶。

4. 实验内容

(1)氢氧化物(Ⅱ)的生成及其在空气中的变化

1)$Fe(OH)_2$

在试管中加2 mL 蒸馏水和几滴3 mol/L H_2SO_4溶液,煮沸以赶尽溶于其中的氧气,然后溶入少量硫酸亚铁铵晶体。在另一试管中加1 mL 6mol/L NaOH 溶液,煮沸。待溶液冷却后,及时用长滴管吸取 NaOH 溶液,插入$(NH_4)_2Fe(SO_4)_2$溶液底部,慢慢放出 NaOH 溶液(注意避免搅动溶液而带入空气),不摇动试管,观察实验现象(开始生成近乎白色的 $Fe(OH)_2$沉淀,随后颜色逐渐变化)。摇匀反应物后倒出少量沉淀至白色点滴板上,放置一段时间,观察沉淀颜色有何变化。写出 $Fe(OH)_2$在空气中被氧化的反应式。

2)$Co(OH)_2$

往少量0.2 mol/L $CoCl_2$溶液中滴加2 mol/L NaOH 溶液,直至生成粉红色沉淀。将沉淀分为两份,一份加入3 mol/L H_2SO_4,观察沉淀是否溶解。另一份放至实验结束,观察沉淀颜色有何变化;再试验它是否溶于3mol/L H_2SO_4。解释现象,写出有关反应式。

3)$Ni(OH)_2$

往少量0.2 mol/L $NiSO_4$溶液中滴加2 mol/L NaOH 溶液,观察沉淀的颜色。将沉淀放至实验结束,观察其颜色有无变化。此时滴入溴水,又有何现象? 写出反应式。

4)$Co(OH)_2$、$Ni(OH)_2$与 H_2O_2的反应

制取少量 $Co(OH)_2$、$Ni(OH)_2$,比较它们与6% H_2O_2的反应情况。观察颜色变化情况,并解释实验现象,写出反应式。

(2)氢氧化物(Ⅲ)的生成及其氧化性

1)$FeO(OH)_3$

在离心管中混合少量0.2 mol/L $FeCl_3$和2 mol/L NaOH 溶液,观察产物的颜色和状态。离心分离,弃去溶液,往沉淀中加入少量浓盐酸,观察沉淀是否溶解,证实有无氯气生成。

2)CoO(OH)和 NiO(OH)

在两支离心管中分别加入少量 $CoCl_2$、$NiSO_4$溶液,均加几滴溴水,观察有无变化;然后滴入2 mol/L NaOH 溶液,观察沉淀的生成和颜色;离心分离,弃去溶液,往沉淀中加入少量浓盐酸,用实验证实氯气的生成。写出各反应式。

综合以上实验,列表比较铁、钴、镍的氢氧化物(Ⅲ)和氢氧化物(Ⅱ)的颜色、高低氧化态的稳定性、生成条件。

(3)配合物的生成和离子鉴定

1)Fe^{2+}、Co^{2+}、Ni^{2+}与氨水的反应

①往少量0.2 mol/L $FeCl_3$溶液中滴入6 mol/L $NH_3 \cdot H_2O$,观察有何现象。沉淀能否溶于

过量氨水中?

②取少量浓氨水于试管中,加入 $CoCl_2$ 溶液,迅速摇匀后观察溶液颜色变化,为何液面颜色变化更快?

③取少量 0.2 mol/L $NiSO_4$ 溶液于试管中,滴加 6 mol/L $NH_3 \cdot H_2O$ 至产生的沉淀溶解,观察所得的溶液的颜色。

写出以上各实验的反应式。

2) Fe^{2+}、Co^{2+} 与 SCN^- 的反应

①取 1 滴 0.2 mol/L $FeCl_3$ 溶液,加水稀释至约 2 mL,然后加一滴 1 mol/L KSCN 溶液,观察溶液颜色变化。再滴入 1 mol/L NH_4F 溶液至颜色褪去。解释所观察到的现象。

小提示:与 KSCN 溶液的反应是鉴定 Fe^{3+} 的灵敏反应。

②取少量 0.2 mol/L $CoCl_2$ 溶液于试管中,加少量戊醇,最后滴入饱和 NH_4SCN 溶液,摇动试管,观察蓝色 $Co(SCN)_4^{2-}$ 的生成,水相及有机相颜色的变化。

碱能破坏配离子 $Fe(SCN)_n^{3-n}$ 及 $Co(SCN)_4^{2-}$,生成相应金属离子的氢氧化物。因此反应不能在碱性溶液中进行。

3) Fe^{3+}、Fe^{2+} 的鉴定

①铁蓝的生成

往点滴板凹穴中滴加 1 滴 0.2 mol/L $FeCl_3$ 溶液和一滴 0.5 mol/L $K_4Fe(CN)_6$ 溶液;往另一凹穴中滴加 1 滴 0.2 mol/L $(NH_4)_2Fe(SO_4)_2$ 溶液和 1 滴 0.5 mol/L $K_3Fe(CN)_6$ 溶液。反应如下:

$$K^+ + Fe^{3+} + Fe(CN)_6^{4-} = KFe[Fe(CN)_6]\downarrow \text{(蓝色)}$$

$$K^+ + Fe^{2+} + Fe(CN)_6^{3-} = KFe[Fe(CN)_6]\downarrow \text{(蓝色)}$$

②Fe^{2+} 与邻二氮菲的反应

Fe^{2+} 与邻二氮菲在弱酸性条件下,生成橘红色的可溶性配合物:

$$Fe^{2+} + 3\,\text{phen} = Fe[\text{phen}]_3^{2+}$$

在白色点滴板凹穴中滴加 1 滴 Fe^{2+} 溶液,滴加 3 滴 0.3% 邻二氮菲溶液,稍放,观察现象。

小提示:此反应可在 Fe^{3+} 的存在下鉴定 Fe^{2+}。

4) 镍的螯合物的生成(Ni^{2+} 的鉴定)

在白色点滴板凹穴中滴加 1 滴 0.2 mol/L $NiSO_4$ 溶液、1 滴 2 mol/L $NH_3 \cdot H_2O$,然后加 1 滴镍试剂(丁二酮肟的酒精溶液),即生成鲜红色的二丁二酮肟合镍(Ⅱ)沉淀。

小揭示:此螯合物在强酸性溶液中分解,生成游离的丁二酮肟;在强碱性溶液中 Ni^{2+} 形成 $Ni(OH)_2$ 沉淀,鉴定反应不能进行,所以此反应的适宜酸碱度是 pH = 5 ~ 10。

(4) 氯化钴(Ⅱ)颜色的变化

①取一粒蓝色的变色硅胶在空气中放置 1 ~ 2 h,观察其颜色有何变化。

②取 1 mol/L $CoCl_2$ 溶液于表面皿中,用毛笔蘸取溶液在纸上写字,然后用镊子夹住纸,隔

着石棉网小火烘烤，观察字迹颜色有何变化。往字迹上滴水，字迹颜色又有何变化？

解释以上实验现象。

5. 思考题

①如果想观察纯 $Fe(OH)_2$ 的白色，原料硫酸亚铁铵不含 Fe^{3+} 是关键条件，如何检出和除去 $(NH_4)_2Fe(SO_4)_2$ 中的 Fe^{3+}？

②综合实验结果，比较Fe(Ⅱ)、Co(Ⅱ)、Ni(Ⅱ)的还原性强弱，Fe(Ⅲ)、Co(Ⅲ)、Ni(Ⅲ)的氧化性强弱。

③列举实例及有关 $\varphi^{\ominus}$ 值，说明溶液的酸碱性对氧化还原性的影响。

④为什么 $Co(H_2O)_6{}^{2+}$ 很稳定，而 $Co(NH_3)_6{}^{2+}$ 很容易被氧化？配离子的形成对金属离子的氧化还原性有何影响？举例说明原因。

⑤有一溶液，可能含 Fe^{2+}、Co^{2+}、Ni^{2+}，请设计检出方案。

实验19　铜、银、锌、镉、汞

1. 实验目的

①试验并掌握 Cu^{2+}、Ag^+、Zn^{2+}、Cd^{2+}、Hg^{2+}、$Hg_2{}^{2+}$ 与NaOH溶液及氨水的反应。

②试验某些配合物的生成与性质。

③试验Cu(Ⅰ)和Cu(Ⅱ)，Hg(Ⅰ)和Hg(Ⅱ)的相互转化，了解转化的条件。

④试验 Ag^+、$Hg_2{}^{2+}$、Hg^{2+} 等离子的沉淀条件与分离方法。

2. 实验原理

在化合物中常见的氧化值，铜为+2和+1，银为+1，锌和镉为+2，汞为+2和+1。这些元素的简单阳离子具有或接近18e的构型，在化合物中与某些阳离子有较强的相互极化作用，所成化学键的共价成分较大。它们的多数化合物较难溶于水，对热稳定性较差，易形成配位化合物，化合物常显示不同的颜色。

例如，这些元素的氢氧化物均较难溶于水，且易脱水变成氧化物。银和汞的氢氧化物极不稳定，常温下即失水变成棕黑色的 Ag_2O 和黄色的HgO。黄色HgO加热则生成橘红色HgO变体。

$Cu(OH)_2$、$Zn(OH)_2$ 和 $Cd(OH)_2$ 在常温下较稳定，但受热亦会失水变成氧化物。浅蓝色 $Cu(OH)_2$ 在80 ℃失水变成棕黑色的CuO，白色 $Zn(OH)_2$ 在125 ℃开始失水变成黄色(冷却后为白色)的ZnO，白色 $Cd(OH)_2$ 在250 ℃失水变成棕红色的CdO。

$Zn(OH)_2$ 是典型的两性氢氧化物，$Cu(OH)_2$ 呈较弱的两性(偏碱)，$Cd(OH)_2$ 和 $Hg(OH)_2$（或HgO）呈碱性，而AgOH呈强碱性。

Cu^{2+}、Ag^+、Zn^{2+}、Cd^{2+}、Hg^{2+} 与 Na_2S 溶液反应都生成难溶的硫化物，即CuS(黑色)、Ag_2S（黑色)、ZnS（白色)、CdS（黄色)和HgS（黑色)。其中HgS可溶于过量的 Na_2S，与 S^{2-} 生成

无色的 HgS_2^{2-} 配离子，若在此溶液中加入盐酸又生成黑色 HgS 沉淀。此反应可作为分离 HgS 的方法。根据 ZnS、CdS、Ag_2S、CuS 和 HgS 溶度积的大小可知，ZnS 可溶于稀酸，CdS 溶于 6 mol/L HCl 溶液，Ag_2S 和 CuS 溶于氧化性的 HNO_3 溶液，而 HgS 溶于王水。

Cu^{2+}、Ag^+、Zn^{2+}、Cd^{2+} 与氨水反应生成 $[Cu(NH_3)_4]^{2+}$（深蓝色）、$[Ag(NH_3)_2]^+$（无色）、$[Zn(NH_3)_4]^{2+}$（无色）、$[Cd(NH_3)_4]^{2+}$（无色）等配离子。Hg^{2+} 只有在过量的铵盐存在下才与 NH_3 生成配离子。当铵盐不存在时，则生成氨基化合物沉淀。

离子的鉴定：

①Cu^{2+}：Cu^{2+} 与黄血盐 $K_4[Fe(CN)_6]$ 反应，生成红棕色 $Cu_2[Fe(CN)_6]$ 沉淀，方法灵敏。Fe^{3+} 有干扰。

②Zn^{2+}：Zn^{2+} 与硫氰合汞酸铵 $(NH_4)_2[Hg(SCN)_4]$ 生成白色的 $Zn[Hg(SCN)_4]$ 沉淀。

③Cd^{2+}：Cd^{2+} 与 S^{2-} 生成黄色沉淀。若要消除其他金属离子的干扰，可在 KSCN 存在时鉴定。

④Hg^{2+} 和 Hg_2^{2+}：Hg^{2+} 可被 $SnCl_2$ 分步还原，还原产物由白色（Hg_2Cl_2）变为灰色或黑色（Hg）沉淀。

3. 仪器和试剂

（1）仪器

试管，酒精灯，水浴箱，离心管，离心机。

（2）试剂

0.2 mol/L $CuSO_4$ 溶液，2 mol/L 和 6 mol/L 的 NaOH 溶液，3 mol/L H_2SO_4，10% 葡萄糖溶液，0.2 mol/L $ZnSO_4$ 溶液，0.2 mol/L $CdSO_4$ 溶液，0.1 mol/L $AgNO_3$ 溶液，0.2 mol/L $Hg(NO_3)_2$ 溶液，0.2 mol/L $Hg_2(NO_3)_2$ 溶液，2 mol/L 和 6 mol/L 的氨水，0.5 mol/L KI 溶液，0.5 mol/L KSCN 溶液，0.2 mol/L $Co(NO_3)_2$ 溶液，0.5 mol/L 和 0.1 mol/L 的 $Na_2S_2O_3$ 溶液，6 mol/L 和 0.5 mol/L的 NaCl 溶液。

4. 实验内容

（1）与 NaOH 溶液的反应

1）$Cu(OH)_2$ 及 Cu_2O 的生成和性质

往 3 支试管中各加入少量 0.2 mol/L $CuSO_4$ 溶液，再滴入 2 mol/L NaOH 溶液，观察产物的颜色和状态。往第一支试管中加入 3 mol/L H_2SO_4，观察沉淀是否溶解。将第二支试管加热，观察沉淀颜色有何变化，再加 3 mol/L H_2SO_4 又有何现象？往第三支试管中加 6 mol/L NaOH 溶液至沉淀溶解（注意充分振荡），然后加 1 mL 10% 葡萄糖溶液置于 45 ~50 ℃水浴中加热，观察 Cu_2O 的生成。弃去清液，往 Cu_2O 沉淀中加 3 mol/L H_2SO_4，观察有何变化。

想一想：CuO、Cu_2O 与酸的反应有何不同？写出以上各反应式。对 $Cu(OH)_2$ 的热稳定性、酸碱性做出总结。

2）$Zn(OH)_2$、$Cd(OH)_2$ 的生成和酸碱性

往两支试管中加入少量 0.2 mol/L $ZnSO_4$ 溶液，均滴加相同滴数的 2 mol/L NaOH 溶液，至有明显凝胶状的 $Zn(OH)_2$ 生成为止。然后分别滴加同浓度的稀酸和稀碱，至沉淀溶解。

用0.2 mol/L $CdSO_4$制得两份$Cd(OH)_2$，再分别加入3 mol/L H_2SO_4和6 mol/L NaOH溶液，观察现象，写出反应式。对$Zn(OH)_2$、$Cd(OH)_2$的酸碱性作总结。

3）Ag^+、Hg^{2+}、$Hg_2{}^{2+}$与NaOH的反应

取3支试管，分别加入几滴0.1 mol/L $AgNO_3$、0.2 mol/L $Hg(NO_3)_2$和$Hg_2(NO_3)_2$溶液，然后加入少量2 mol/L NaOH溶液，观察沉淀的生成和颜色。试验它们是否溶于过量6 mol/L NaOH溶液中。

想一想：查阅有关书籍，写出反应式。总结周期表中哪些金属的氢氧化物易脱水成氧化物。

（2）配合物的生成和性质

1）铜氨合物的生成和破坏

取少量0.2 mol/L $CuSO_4$溶液于试管中，滴加2 mol/L氨水，至生成的沉淀刚好溶解，观察$[Cu(NH_3)_4]^{2+}$的特征颜色。将溶液分装于两支试管，一支试管中滴加3 mol/L H_2SO_4，先有碱式盐沉淀出现，随后沉淀消失，得蓝色溶液（此时的颜色与$[Cu(NH_3)_4]^{2+}$的颜色有何不同？）。再将另一支试管加热至沸，试验加热对铜氨配合物稳定性的影响。

$$[Cu(NH_3)_4]^{2+} + 4H^+ = Cu^{2+} + 4NH_4^+$$

$$[Cu(NH_3)_4]^{2+} + 2OH^- = CuO\downarrow + 4NH_3 + H_2O$$

2）Zn^{2+}、Cd^{2+}、Hg^{2+}与氨水的反应

①分别取少量0.2 mol/L $ZnSO_4$、$CdSO_4$溶液于试管中，均滴加2 mol/L $NH_3 \cdot H_2O$，观察现象，写出反应式。

②往少量0.2 mol/L $Hg(NO_3)_2$溶液中滴加6 mol/L $NH_3 \cdot H_2O$，观察现象，写出反应式。

3）Hg^{2+}配合物的生成和应用

①HgI_4^{2-}的生成与奈斯勒试剂。

a.往试管中滴加几滴0.2 mol/L $Hg(NO_3)_2$溶液，再滴加0.5 mol/L KI溶液，观察HgI_2沉淀的生成和颜色。继续加入KI溶液，至HgI_2沉淀完全溶解。

b.在所得K_2HgI_4溶液中加入少量6 mol/L NaOH（或KOH）溶液，使呈强碱性，即得到用来检验NH_4^+（或NH_3）的奈斯勒试剂。往此溶液中加1滴氨水，观察现象，写出各反应式。

②$Hg(SCN)_4^{2-}$的生成。

取少量0.2 mol/L $Hg(NO_3)_2$溶液，逐滴加入0.5 mol/L KSCN溶液，至最初生成的$Hg(SCN)_2$白色沉淀完全溶解，即生成$Hg(SCN)_4^{2-}$。将其分成两份，分别加入几滴0.2 mol/L $ZnSO_4$、$Co(NO_3)_2$溶液，摇荡，观察白色$Zn[Hg(SCN)_4]$与蓝色$Co[Hg(SCN)_4]$沉淀的生成。$Hg(SCN)_4^{2-}$可以用来鉴定Zn^{2+}或Co^{2+}。

小提示：Cd^{2+}与$Hg(SCN)_4^{2-}$的反应与Zn^{2+}与$Hg(SCN)_4^{2-}$的反应类似。

（3）Cu（Ⅱ）、Ag（Ⅰ）的氧化性

1）Cu（Ⅱ）的氧化性

①碘化亚铜的生成。

在少量0.2 mol/L $CuSO_4$溶液中滴加数滴0.5 mol/L KI溶液。观察现象，用最简单的方法证实I_2的生成。然后往试管中滴加适量0.5 mol/L $Na_2S_2O_3$溶液，以除去I_2对观察CuI颜色的干扰。

$$2Cu^{2+} + 4I^- = 2CuI\downarrow(白) + I_2$$

$$I_2 + 2S_2O_3^{2-} = 2I^- + S_4O_6^{2-}$$

小提示：$Na_2S_2O_3$溶液不宜加得过多，否则它与 CuI 反应生成可溶的配离子 $Cu(S_2O_3)_2^{3-}$，使 CuI 沉淀消失。

②氯化亚铜的生成和性质。

用还原剂(如 Na_2SO_3、Cu)还原 $CuCl_2$，可以得到 CuCl。

取少量2mol/L $CuCl_2$溶液于离心管中，滴入 0.5 mol/L Na_2SO_3溶液，至有明显的 CuCl 沉淀生成，观察溶液的颜色发生了什么变化。离心，弃去溶液，用少量 0.1 mol/L Na_2SO_3溶液(事先用盐酸调节至 pH = 5)洗涤沉淀，离心，弃去清液，往所得 CuCl 沉淀中加少量 6 mol/L NaCl 溶液，搅拌，观察所得溶液 $NaCuCl_2$的颜色及其在空气中的变化。

生成 CuCl 的反应式如下：

$$2CuCl_2 + Na_2SO_3 + H_2O = 2CuCl\downarrow + Na_2SO_4 + 2HCl$$

2) Ag(Ⅰ)的氧化性(银镜反应)

在一支干净的试管中加入 2 mL 0.1 mol/L $AgNO_3$溶液，滴加 2 mol/L $NH_3 \cdot H_2O$ 至生成的沉淀刚好溶解，再往溶液中加几滴 10% 葡萄糖溶液，摇匀后，将试管放在约 60 ℃的热水中静置，观察试管壁上的变化。

$$2Ag(NH_3)_2^+ + CH_2OH(CHOH)_4CHO + 2OH^- = 2Ag\downarrow + CH_2OH(CHOH)_4COO^- + NH_4^+ + 3NH_3\uparrow + H_2O$$

小提示：$Ag(NH_3)_2^+$久置后可能转化为 Ag_3N 和 Ag_2NH，这两种物质极不稳定，易引起爆炸，实验后应及时用水将未反应的 $Ag(NH_3)_2^+$ 冲走。银镜用稀 HNO_3溶解后，倒入回收瓶。

(4) Hg(Ⅰ)、Hg(Ⅱ)与氨水的反应

1) Hg(Ⅰ)歧化为 Hg(Ⅱ)和 Hg

①$Hg(NO_3)_2$歧化。

往少量 0.2 mol/L $Hg(NO_3)_2$溶液中加入 2 mol/L $NH_3 \cdot H_2O$，观察现象。

②Hg_2Cl_2歧化。

取 0.5 mL 0.2 mol/L $Hg(NO_3)_2$溶液，加入几滴 0.5 mol/L NaCl 溶液，得到白色 Hg_2Cl_2沉淀，再加少量 2 mol/L $NH_3 \cdot H_2O$，观察沉淀颜色变化。

小提示：为了观察生成的 NH_2HgNO_3或 NH_2HgCl 的颜色，可往它们与 Hg 的混合沉淀中加少量稀 HNO_3，将汞溶解后观察。

写出以上 Hg(Ⅰ)歧化的反应式。

2) Hg(Ⅱ)与氨水的反应

①往少量 0.2 mol/L $Hg(NO_3)_2$溶液中加入 2 mol/L $NH_3 \cdot H_2O$，观察现象。

②往 1 mL 6 mol/L $NH_3 \cdot H_2O$ 中加入少量 NH_4NO_3 溶液，慢慢滴加几滴 0.2 mol/L $Hg(NO_3)_2$溶液，观察现象，并解释。

写出有关反应式。

(5) 离子的分离与鉴定

1) AgCl、Hg_2Cl_2、$PbCl_2$的沉淀条件与分离方法

制取少量 AgCl、Hg_2Cl_2、$PbCl_2$，对比它们与热水、2 mol/L 氨水的作用，根据实验结果，小结

它们的沉淀条件与分离方法。

2) Cu^{2+}的鉴定

小提示：可用$Cu(NH_3)_4^{2+}$溶液的特征蓝色鉴定Cu^{2+}；当Cu^{2+}较少时，可用更灵敏的亚铁氰化钾法鉴定。

在点滴板凹穴中，加1滴Cu^{2+}盐溶液，再加1滴$K_4[Fe(CN)_6]$溶液，若生成红褐色的$Cu_2[Fe(CN)_6]$沉淀示有Cu^{2+}。

注意：此沉淀可溶于氨水，生成$Cu(NH_3)_4^{2+}$。所以反应需在中性或弱酸性溶液中进行。

3) 未知液鉴别

①有5瓶没有标签的溶液，它们分别含Ag^+、Zn^{2+}、Hg^{2+}、Hg_2^{2+}、Cd^{2+}，用最简单的方法识别它们。

②有一溶液，可能含Ag^+、Zn^{2+}、Hg^{2+}、Hg_2^{2+}，用实验证实溶液中含哪些离子。

记录实验现象，写出有关反应式，画出操作流程示意图。

5. 思考题

①综合比较ⅠA、ⅡA、ⅠB、ⅡB族元素的氢氧化物的酸碱性、溶解性和热稳定性。

②列表比较Cu(Ⅱ)、Ag(Ⅰ)、Zn(Ⅱ)、Cd(Ⅱ)、Hg(Ⅰ)、Hg(Ⅱ)与适量及过量NaOH、$NH_3 \cdot H_2O$、KI反应的产物(可自行加做一些实验)。

③举例说明，用哪些方法可以破坏氨配合物？为什么？

④试分析Cu(Ⅰ)和Cu(Ⅱ)，Hg(Ⅰ)和Hg(Ⅱ)各自稳定存在和相互转化的条件，列举实例。

⑤为什么汞要在水中储存？如何取用汞？

第4章 综合、设计及创新型实验

实验20　由废白铁制备硫酸亚铁和硫酸亚铁铵

1. 实验目的

①制备硫酸亚铁和硫酸亚铁铵，了解它们的性质及制备条件；
②学习无机化合物制备中有关投料、产率、产品限量分析等的计算方法；
③练习与巩固制备无机化合物的操作。

2. 实验原理

铁与稀硫酸反应生成硫酸亚铁：

$$Fe + H_2SO_4 = FeSO_4 + H_2\uparrow$$

将溶液浓缩后冷却至室温，可得晶体 $FeSO_4 \cdot 7H_2O$（俗称绿矾），它在空气中会逐渐风化失去部分结晶水，加热至65 ℃失水得白色 $FeSO_4 \cdot H_2O$。硫酸亚铁在空气中被氧化，生成黄褐色碱式铁（Ⅲ）盐：

$$4FeSO_4 + O_2 + 2H_2O = 4Fe(OH)SO_4$$

将等摩尔的硫酸亚铁与硫酸铵溶液混合，可以制得复盐硫酸亚铁铵，又称莫尔盐。在0～60 ℃时，硫酸亚铁铵在水中的溶解度比其组分的溶解度小，因此，很容易从浓 $(NH_4)_2SO_4$ 和 $FeSO_4$ 混合溶液中结晶出来。

$$(NH_4)_2SO_4 + FeSO_4 + 6H_2O = (NH_4)_2SO_4 \cdot FeSO_4 \cdot 6H_2O$$

莫尔盐为复盐，是浅蓝绿色透明单斜晶系晶体。其氧化还原稳定性比一般的亚铁盐高，常作为 Fe^{2+} 的标准试剂使用。另外亚铁盐在酸性较弱的条件下，水解程度也会增大，溶液需保持足够酸度。

3. 仪器和试剂

(1) 仪器

小烧杯，滤纸，台秤，锥形瓶，水浴箱，表面皿，25 mL 比色管，吸量管。

(2) 试剂

白铁，3 mol/L H_2SO_4，$(NH_4)_2SO_4$固体（化学纯），蒸馏水，3 mol/L 和 1 mol/L KSCN 溶液。

4. 实验内容

(1) 废白铁的预处理

用小烧杯作容器，称取 3 g 白铁，加 6 mL 3 mol/L H_2SO_4浸泡。将烧杯放通风橱内，防止逸出的刺激性气体污染空气（气体是什么，如何检验?）。待白铁表面的锌层全部作用后（氢气逸出的速度由快至慢，铁片由银白色变成灰色），用倾滗法将溶液倒至指定容器中，可回收硫酸锌。用水洗净铁片，用滤纸吸干，在台秤上称重（称准至 0.1 g）。

回收硫酸锌的实验放在开放实验时进行。

(2) 硫酸亚铁的制备

将经过处理、称出质量的铁片放入锥形瓶内，加入 20 mL 3 mol/L H_2SO_4置通风橱的水浴箱中加热（水浴温度控制在 80 ℃），使铁与硫酸反应至气泡冒出速度很慢为止（约 1 h），注意加盖。反应后期注意补充水分，保持溶液原有体积，避免硫酸亚铁析出。停止反应后，迅速趁热减压过滤，及时将滤液转移到准备好的容器中。将未反应的铁片吸干后称重（附在滤纸上的少许铁末可以忽略不计），算出已反应的铁的质量。

将 $FeSO_4$溶液分成两份，一份置简易水浴中，在 60 ℃左右的温度下蒸发浓缩至表面出现晶膜，停止加热，冷却至室温，可得 $FeSO_4 \cdot 7H_2O$ 晶体（如果作用的铁量少，也可不做此步）。另一份用来制备复盐。

(3) 硫酸亚铁铵的制备

按作用 1 g 铁需 2.2 g $(NH_4)_2SO_4$的比例，称取化学纯$(NH_4)_2SO_4$固体，参照它的溶解度数据，量取适量水配成饱和溶液，加到 $FeSO_4$溶液中，用简易水浴加热，蒸发浓缩至溶液稍变浑浊，或溶液表面与器皿接触处有晶体薄膜出现为止。放置，让其自然冷却，约 2 h 后即得到 $(NH_4)_2SO_4 \cdot FeSO_4 \cdot 6H_2O$ 晶体，减压过滤除去母液，将晶体尽量抽干后，转移至表面皿上，晾干，称重，计算产率。母液回收可做第二次结晶。观察和描述产品的颜色和形状。

制备复盐大晶体可在开放实验时进行。

(4) 产品含 Fe^{3+} 的限量分析

产品的主要杂质是 Fe^{3+}，利用 Fe^{3+} 与硫氰化钾形成血红色配离子$[Fe(CNS)_n]^{3-n}$，根据颜色的深浅，用目视比色法可确定其含 Fe^{3+} 的级别。

在小烧杯中称取 1 g 产品（称准至 0.10 g），用少量不含氧的蒸馏水溶解后，转移至 25 mL 比色管中，再加 1 mL 3 mol/L H_2SO_4和 2 mL 3 mol/L KSCN 溶液，继续加不含氧气的蒸馏水至 25 mL，摇匀，与下列 4 种标准溶液比色，确定产品中杂质 Fe^{3+} 含量所达的级别（表 4.1）。

表 4.1　杂质 Fe^{3+} 含量的级别

级　别	一级	二级	三级	四级
Fe^{3+} 含量/mg	0.050	0.10	0.15	0.20

比色后，算出产品中 Fe^{3+} 的百分含量范围。

(5)标准色阶溶液的配制(当天配)

依次用吸量管吸取每毫升含 Fe^{3+} 0.01 mg 的标准溶液 5.00 mL、10.0 mL、15.0 mL、20.0 mL，分别加到 4 支 25 mL 的比色管中，各加入 1 mL 3 mol/L H_2SO_4 和 2 mL 1 mol/L KSCN 溶液，用蒸馏水稀释至刻度，摇匀。

不含氧的蒸馏水的制取：将蒸馏水用小火煮沸约 10 min，驱除水中溶解的氧，盖好冷却后备用。

(6)注意事项

①在硫酸与铁皮反应时，需补充水，但不宜过多。

②在实验过程中要防止 Fe(Ⅱ)氧化。

③掌握溶液浓缩的程度。

5. 思考题

①实验中采取了什么措施防止 Fe^{2+} 被氧化？如果产品含 Fe^{3+} 较多，请分析原因。

②在铁与硫酸的反应中，蒸发浓缩溶液时为什么采用水浴加热？

③作产品含 Fe^{3+} 的限量分析时，为什么要用不含氧气的蒸馏水溶解产品？

④怎样才能得到较大的晶体？可用实验证实你的想法。

⑤如果要配制每毫升含 Fe^{3+} 0.1 mg 的溶液 1 L，需称取多少 $NH_4Fe(SO_4)_2 \cdot 12H_2O$？(提示：482.2 g $NH_4Fe(SO_4)_2 \cdot 12H_2O$ 含 Fe^{3+} 55.85 g)

⑥试简述检验预处理废白铁时产生的具有刺激性气味的气体的方案。

⑦制备 $(NH_4)_2Fe(SO_4)_2$ 的过程中，溶液可能会出现黄色，试分析原因，并提出解决方案。

实验 21　由粗食盐制备试剂级氯化钠

1. 实验目的

①掌握粗食盐提纯原理。

②了解盐类溶解度知识在无机物提纯中的应用。

③熟悉离心、过滤、吸滤、浓缩结晶等操作。

④学习中间控制检验方法。

2. 实验原理

氯化钠(NaCl)试剂可由粗食盐提纯而得，一般粗食盐中含有泥沙等不溶性杂质及 KCl、

$CaCl_2$和 $MgSO_4$等可溶性杂质。泥沙可在粗食盐溶解后过滤除去,其他可溶性杂质的溶解度随温度变化不大,因此一般的结晶方法将它无法除去,为此要用化学方法进行离子分离。

在粗食盐溶液中加入稍过量的 $BaCl_2$溶液,则

$$Ba^{2+} + SO_4^{2-} = BaSO_4 \downarrow$$

滤去 $BaSO_4$沉淀,即可除去 SO_4^{2-}。

加入 NaOH 溶液和 Na_2CO_3溶液,

$$2Mg^{2+} + 2OH^- + CO_3^{2-} = Mg_2(OH)_2CO_3 \downarrow$$

$$Ca^{2+} + CO_3^{2-} = CaCO_3 \downarrow$$

$$Ba^{2+} + CO_3^{2-} = BaCO_3 \downarrow$$

滤去沉淀,不仅除掉 Mg^{2+}、Ca^{2+},而且连前一步骤中过量的 Ba^{2+}亦除去了。过量的 NaOH 与 Na_2CO_3,则可用 HCl 中和除去。

少量用沉淀剂不能除去的其他可溶性杂质,如 KCl,在最后的浓缩结晶过程中,可留在母液中而与氯化钠晶体分开。少量多余的 HCl 在干燥氯化钠晶体时以氯化氢形式逸出。

3. 仪器和试剂

(1)仪器

200 mL 烧杯,100 mL 烧杯,50 mL 烧杯,10 mL 离心试管,100 mL 有柄蒸发皿,250 mL 锥形瓶,25 mL 比色管,玻璃漏斗,布氏漏斗,离心机,真空泵。

(2)试剂

粗食盐,0.5 mol/L $BaCl_2$溶液,0.5 mol/L Na_2CO_3溶液,2 mol/L 盐酸溶液,1% 淀粉溶液,0.5% 荧光素指示剂,0.100 0 mol/L $AgNO_3$标准溶液,0.10 mol/L NaOH 溶液。

4. 实验内容

(1)溶盐

在台秤上称取 15 g 粗食盐于 200 mL 烧杯中,加入 60 mL 蒸馏水。加热搅拌溶解,溶液中如有少量不溶性杂质,可留待过滤时一并除去。

(2)化学处理

1)除去 SO_4^{2-}

将滤液加热煮沸,用小火维持微沸。边搅拌,边逐滴加入 3 mL 0.5 mol/L $BaCl_2$溶液。反应完全后,为判断其中 SO_4^{2-}是否已沉淀完全,需要进行中间控制检验,方法如下:

取离心试管两支,各加入上述溶液 2 mL,离心沉降后,沿其中一支离心试管的管壁滴入 3 滴 $BaCl_2$溶液,另一支留作对照。如无浑浊产生,说明 SO_4^{2-}已沉淀完全,若清液变浑,需要再往烧杯中加适量的 $BaCl_2$溶液,并将溶液煮沸。如此操作,反复检验、处理,直至 SO_4^{2-}沉淀完全为止。检验液中未加其他药品,观察后可倒回原液中。

用普通漏斗过滤。过滤时,不溶性杂质及 $BaSO_4$沉淀尽量不要倒入漏斗中。

2)除去 Ca^{2+}、Mg^{2+}、Ba^{2+}

将滤液加热至沸,用小火维持微沸。边搅拌边逐滴加入 5 mL 0.5 mol/L Na_2CO_3溶液,待生成的沉淀下沉后,需进行中间控制检验以判断 Ca^{2+}、Mg^{2+}、Ba^{2+}是否已沉淀完全,方法类似

于1)中步骤。

确证 Ca^{2+}、Mg^{2+}、Ba^{2+} 已沉淀完全后,趁热用普通漏斗过滤。

3)除去多余的 CO_3^{2-}

在滤液中滴加 2 mol/L HCl,调节酸碱度至 pH = 3 ~ 4。

(3)蒸发、干燥

1)蒸发浓缩,析出纯 NaCl

蒸发用盐酸处理后的溶液,当液面出现晶体时,改用小火加热并不断搅拌,以免溶液溅出。蒸发后期,检查溶液的 pH 值(此时暂不加热),必要时,可加 1 ~ 2 滴 2 mol/L HCl,保持溶液呈微酸性(pH≈6)。当溶液蒸发至稀糊状时(切勿蒸干!)停止加热。冷却后,减压过滤,尽量将 NaCl 晶体抽干。

2)干燥

将 NaCl 晶体放入有柄蒸发皿中,在石棉网上用小火烘炒,不停地用玻璃棒翻动,以防结块。待无水蒸气逸出后,再用大火烘炒数分钟。得到的 NaCl 晶体应是洁白和松散的。冷却后在台秤上称重,计算收率。

(4)产品检验

1)氯化钠含量的测定

在电子天平上,用减量法准确称取 0.150 0 g 干燥恒重的产品,溶于 70 mL 水中,加 10 mL 1%淀粉溶液,在振摇下用 0.100 0 mol/L $AgNO_3$ 标准溶液避光滴定,接近终点时,加 3 滴0.5%荧光素指示剂,继续滴定至乳液呈粉红色。氯化钠含量(w)按下式计算:

$$w = \frac{\frac{V}{1\,000} \times c \times 58.44}{G}$$

式中 V——滴定消耗的 $AgNO_3$ 标准溶液的体积,mL;

c——$AgNO_3$ 标准溶液的浓度,mol/L;

G——样品质量,g;

58.44——氯化钠的摩尔质量。

2)水溶液反应

称取 5 g 样品,称准至 0.01 g,溶于 50 mL 不含二氧化碳的水中,加 2 滴 1%酚酞指示剂,溶液应无色;再加 0.05 mL 0.10 mol/L NaOH 溶液,溶液呈粉红色。

3)用目视比色法检验 SO_4^{2-} 的含量

称取 3.0 g 产品于小烧杯中,用少量蒸馏水溶解后,完全转移到 25 mL 比色管中。再加 3 mL 2 mol/L HCl 溶液和 5 mL 0.5 mol/L $BaCl_2$ 溶液,加蒸馏水稀释至刻度,摇匀,与标准溶液进行目视比色。根据溶液产生浑浊的程度,确定产品中 SO_4^{2-} 杂质含量所达到的等级。

标准溶液实验室已配好,目视比色时混匀。目视比色后,计算产品中 SO_4^{2-} 的百分含量范围。25 mL 标准溶液中 SO_4^{2-} 的含量如表 4.2 所示。

表 4.2 SO_4^{2-} 的含量与产品级别

级 别	一 级	二 级	三 级
SO_4^{2-} 的含量/mg	0.03	0.06	0.15

(5)注意事项

1)试剂级氯化钠的技术条件

根据我国国家标准 GB 1266—77,试剂级氯化钠的技术条件为:

①氯化钠含量不少于99.8%;

②水溶液反应合格;

③杂质最高含量中 SO_4^{2-} 的标准(以质量百分比计)如表4.3所示。

表4.3　SO_4^{2-} 的含量与氯化钠级别

氯化钠的级别	优级纯(一级)	分析纯(二级)	化学纯(三级)
SO_4^{2-} 的含量	0.001	0.002	0.005

2)目视比色时的注意事项

①待测溶液与标准溶液产生颜色或浊度的实验条件要一致。

②所用比色管玻璃材质、形状、大小要一样,比色管上指示溶液体积的刻度位置相同。

③目视比色时,将比色管塞子打开,从管口垂直向下观察,这样观察到的液层比从比色管侧面观察到的液层要厚得多,能提高观察的灵敏度。

5.思考题

①粗食盐中含有哪些杂质?如何用化学方法除去?

②为什么选用 $BaCl_2$ 溶液和 Na_2CO_3 溶液作沉淀剂?为什么除去 CO_3^{2-} 要用盐酸而不用其他强酸?

③为什么先加 $BaCl_2$ 后再加 Na_2CO_3?为什么要将 $BaSO_4$ 过滤掉才加 Na_2CO_3?什么情况下 $BaSO_4$ 可能转化为 $BaCO_3$?

④在调节酸碱度的过程中,若加入的 HCl 量过多,怎么办?为何要调成弱酸性?碱性行吗?

⑤在浓缩结晶过程中,能否把溶液蒸干?为什么?

⑥什么情况下会造成产品收率过高?

实验22　以铝箔、铝制饮料罐为原料制备氢氧化铝

1.实验目的

①了解用废铝制备氢氧化铝的方法;

②增强废物综合利用的环境保护意识;

③学习查阅资料、设计实验方案的能力。

2.实验原理

铝是活泼金属,延展性好,可加工成极薄的薄膜。现代食品、香烟等包装内衬很多用铝箔,

饮料罐多用薄铝制造。如果回收这些废物,可获得一定的效益,若抛弃,不仅造成资源浪费,而且导致环境污染。大量的铝离子进入人体会造成人体神经受毒害,甚至导致痴呆。大量铝的废料可以用熔炼的方法回收成金属铝,而零散的铝制品包装袋等可以采用化学方法制成化学试剂 $Al(OH)_3$、Al_2SO_4等。

$Al(OH)_3$为白色沉淀,难溶于水($K_{sp}=1.3\times10^{-33}$)。$Al(OH)_3$为两性氢氧化物,刚制备的$Al(OH)_3$既可溶于酸也可溶于碱,但随着时间的推移其溶解能力下降,直至不溶。$Al(OH)_3$主要用于制备各种铝盐及三氧化二铝,经一定处理后还能作吸附剂、阻燃剂等。

本实验以人们在生活中废弃的铝制品为原料,将其转变为 $Al(OH)_3$,达到废物回收利用的目的。

由金属铝制备氢氧化铝的方法很多,其中比较简单、副反应较少的一种是采用铝酸盐制备氢氧化铝。其原理为:金属铝与 NaOH 溶液反应,产生铝酸盐:

$$2Al+2NaOH+6H_2O=\!=\!=2Na[Al(OH)_4]+3H_2\uparrow$$

在铝酸盐溶液中加入 NH_4HCO_3饱和溶液(或通入 CO_2),即有 $Al(OH)_3$沉淀析出:

$$2Na[Al(OH)_4]+NH_4HCO_3=\!=\!=Na_2CO_3+2Al(OH)_3\downarrow+NH_3\uparrow+2H_2O$$

$$2Na[Al(OH)_4]+CO_2=\!=\!=Na_2CO_3+2Al(OH)_3\downarrow+H_2O$$

经减压过滤、洗涤、干燥,得产品。

3. 仪器和试剂

(1) 仪器

台秤,烧杯,布氏漏斗,吸滤瓶,称量瓶,电子天平,酸式滴定管。

(2) 试剂

3 mol/L NaOH 溶液,2 mol/L HNO_3溶液,EDTA 等。

4. 实验内容

①如果以香烟铝箔为原料,则先用水浸泡香烟铝箔,剥去白纸;若以废易拉罐为原料,则先用砂纸打磨其外表面,用热的 Na_2CO_3溶液洗涤后,再用自来水、去离子水冲洗干净,剪成细条待用。

②称量剪细的铝屑 5 g,分次少量地加入 50 mL3 mol/L NaOH 溶液中(由于强烈放热和释放 H_2,实验应在通风橱中进行,并远离火源),反应结束后过滤。

③滤液稀释至 200 mL,在搅拌下逐渐加入 2 mol/L HNO_3 溶液直至中性,过滤析出的 $Al(OH)_3$沉淀,洗涤、干燥,得到产品 $Al(OH)_3$。

④用 EDTA 返滴定法测定产品中的铝含量。

5. 结果与讨论

①计算 $Al(OH)_3$产率及纯度,讨论提高产品质量和产率的措施。

②所制产品 $Al(OH)_3$ 应为白色无定形粉末,能溶于强酸、强碱,符合工业级标准。$Al(OH)_3$工业级标准列于表 4.4。

表4.4　$Al(OH)_3$的工业级标准

项　目	$Al(OH)_3$	H_2O	Cl^-	SO_4^{2-}
质量分数/%	≥98	≤1.2～1.8	≤0.2	≤0.1

6.思考题

能否用EDTA直接滴定产品中的铝含量？为什么？

实验23　用蛋壳制备柠檬酸钙

1.实验目的

①学会用蛋壳制备柠檬酸钙；
②了解钙与人体健康的关系；
③树立变废为宝，资源综合利用的意识。

2.实验原理

钙是人体内的常量元素之一，也是人体内较易缺乏的无机元素之一。人体内钙约占体重的2%，对人的健康、少年儿童身体发育和各种生理活动均具有极其重要的作用。作为新一代钙源，柠檬酸钙因较其他补钙品在溶解度、酸碱性等技术指标方面更具安全性和可靠性，正成为食品类补钙品的首选，在糕点、饼干中用作营养强化剂。

蛋壳中含$CaCO_3$ 93%，$MgCO_3$ 1.0%，$Mg_3(PO_4)_2$ 2.8%，有机物3.2%，是一种天然的优质钙源。以鸡蛋壳为原料，采用酸碱中和法制备柠檬酸钙具有产品收率高、质量好、不含有毒组分（重金属离子等）、反应工艺简单等优点。

主要反应式有：

$$CaCO_3(\text{蛋壳}) \xrightarrow{\text{高温煅烧}} CaO + CO_2\uparrow$$

$$CaO + H_2O = Ca(OH)_2$$

$$2C_6H_8O_7 + 3Ca(OH)_2 = Ca_3(C_6H_8O_7)_2 \cdot 4H_2O(\text{柠檬酸钙}) + 4H_2O$$

3.仪器和试剂

(1)仪器

马弗炉，电子天平，电热恒温干燥箱，磁力加热搅拌器，30 mL蒸发皿，100 mL烧杯等。

(2)试剂

50%柠檬酸溶液，0.500 0 mol/L盐酸标准溶液，蔗糖（分析纯），酚酞指示剂。

4. 实验内容

(1)氧化钙的制取

称取洗净的干燥蛋壳10 g于蒸发皿中,稍加压碎后,送入马弗炉中,于900~1 000 ℃煅烧分解1~2 h,蛋壳即转变为白色的蛋壳粉(氧化钙),称重并在步骤3中测定有效氧化钙的含量。

(2)柠檬酸钙的制备

将制得的氧化钙研细,称取2 g于100 mL烧杯中,加入50 mL蒸馏水制成石灰乳,放到磁力加热搅拌器上,在不断搅拌下,分批加入50%柠檬酸溶液10 mL,温度稳定在60 ℃,反应约45 min。将产物减压过滤,用少量蒸馏水洗滤饼,在干燥箱中烘干,称重,观察产品颜色。

(3)蛋壳粉有效氧化钙含量的测定

准确称取0.400 0 g研成细粉的试样,置于250 mL带塞三角瓶中,加入4 g蔗糖,再加入新煮沸并已冷却的蒸馏水40 mL,放到磁力搅拌器上搅拌15 min左右,以酚酞为指示剂,用浓度为0.500 0 mol/L的盐酸标准溶液滴定至终点,按下式计算有效氧化钙的百分含量:

$$w(\mathrm{CaO}) = \frac{0.028\ 04 \cdot c(\mathrm{HCl}) \cdot V}{W} \times 100\%$$

式中 $c(\mathrm{HCl})$——盐酸标准溶液的浓度,mol/L;

V——滴定消耗的盐酸标准溶液的体积,mL;

W——试样质量,g;

0.028 04——与1 mL 1 mol/L盐酸相当的氧化钙量。

5. 实验数据记录及处理

①氧化钙的质量 = ________ g。

②柠檬酸钙的质量 = ________ g,产率 = ________ %。

③盐酸标准溶液的浓度 $c(\mathrm{HCl})$ = ________ mol/L;

氧化钙试样质量 W = ________ g;

滴定消耗盐酸标准溶液的体积 V = ________ mL,;

蛋壳粉有效氧化钙含量 = ________ %。

6. 思考题

①查阅相关资料,进一步了解钙与人体健康的关系。

②通过实验,你认为用此方法制取柠檬酸钙在工业上是否可行?

实验24 未知物鉴别设计实验

1. 实验目的

①将Fe^{3+}、Co^{2+}、Ni^{2+}、Mn^{2+}、Al^{3+}、Cr^{3+}、Zn^{2+}进行分离和检出,并了解相应的反应条件。

②熟悉各离子的有关性质，如氧化还原性、氢氧化物的酸碱性、形成配合物的能力等。

2. 实验原理

除 Al^{3+} 外，本组离子皆位于第四周期中部，它们有如下特性：

(1)离子的颜色

常见的有色阳离子，除 Cu^{2+} 外，都在本组内。根据颜色可以推测未知物中存在的离子，但是混合离子的试液如果没有明显的颜色，并不能说明不存在某些有色离子，因为当不同的颜色互补或某有色离子被掩蔽时，颜色就会消失，例如 Co^{2+} 的粉红色和 Ni^{2+} 的浅绿色是互补色，Co^{2+} 与 Ni^{2+} 之比等于1∶3时，溶液就近乎无色，所以要依据分析结果下结论。

(2)离子的氧化态与氧化还原性

本组离子除 Al^{3+}、Zn^{2+} 外，都具有多种氧化态。随着氧化态的改变，颜色与其他性质均变化。本组离子的许多分离、鉴定反应都与氧化态的变化有关。例如，用强氧化剂将几乎无色的 Mn^{2+} 氧化为紫红色的 MnO_4^-，可确证 Mn^{2+} 的存在；又如，Cr^{3+} 的还原性在酸性介质中极弱，而在碱性条件下大大增强：在碱性溶液中较易地使 $Cr(OH)_4^-$ 氧化成 CrO_4^{2-}，便于分离和检出。

(3)氢氧化物

本组离子与适量碱作用皆生成氢氧化物，它们都难溶，高氧化态离子的氢氧化物的溶解度比低氧化态的小得多。它们都是无定形沉淀，易成胶体溶液，加热可促使它们凝聚而析出。

$FeO(OH)$、$Ni(OH)_2$、$Mn(OH)_2$ 不溶于过量的碱，$Co(OH)_2$ 稍有溶解的倾向，$Al(OH)_3$、$Zn(OH)_2$、$Cr(OH)_3$ 是典型的两性氢氧化物，与过量碱作用生成 $Al(OH)_4^-$、$Zn(OH)_4^{2-}$、$Cr(OH)_4^-$，其中 $Cr(OH)_4^-$ 不稳定，遇热发生水解，又生成 $Cr(OH)_3$ 沉淀，造成分离不完全，所以宜将 $Cr(OH)_4^-$ 氧化成 CrO_4^{2-}。

$Co(OH)_2$ 及 $Mn(OH)_2$ 与空气接触，会被氧化。如果在碱性溶液中，用 H_2O_2 做氧化剂，则如下氧化反应进行得很快且完全：

$$2\,Co(OH)_2 + H_2O_2 = 2CoO(OH)\downarrow + H_2O$$

$$Mn(OH)_2 + H_2O_2 = MnO(OH)_2\downarrow + H_2O$$

$CoO(OH)$、$MnO(OH)_2$ 等高价氢氧化物碱性较弱，不易溶于非还原性酸中，为了将它们转变成离子进行鉴定，需将它们溶于还原性酸或与还原剂共存的强酸中：

$$2CoO(OH) + H_2O_2 + 4H^+ = 2\,Co^{2+} + O_2\uparrow + 4H_2O$$

$$MnO(OH)_2 + H_2O_2 + 2H^+ = Mn^{2+} + O_2\uparrow + 3H_2O$$

$FeO(OH)$ 则以碱性为主，能溶于非还原性酸中得到 Fe^{3+}。

(4)配合物

本组离子形成配合物的倾向很大，此性质在鉴定上有很多应用，例如：

利用 F^- 与 Fe^{3+} 形成无色配离子 FeF^{2+} 掩蔽 Fe^{3+}，消除用 SCN^- 鉴定 Co^{2+} 时 Fe^{3+} 的干扰。

利用茜素磺酸钠与 Al^{3+} 形成亮红色螯合物来鉴定 Al^{3+}：

(structure: O, OH, OH, SO_3Na, O) + $\frac{1}{3}$Al → (structure: $\frac{1}{3}$Al, O, OH, OH, SO_3Na, O) ↓ + H^+

利用 Al^{3+}、Zn^{2+} 与 NH_3 配合能力的差异可以分离 $Al(OH)_4^-$ 和 $Zn(OH)_4^{2-}$。

在 $Al(OH)_4^-$、$Zn(OH)_4^{2-}$ 混合溶液中加入 NH_4Cl，有如下不同反应：

$$Al(OH)_4^- + NH_4^+ = Al(OH)_3 \downarrow + NH_3 \cdot H_2O$$

$$Zn(OH)_4^{2-} + 4\,NH_4^+ = Zn(NH_3)_4^{2+} + 4H_2O$$

$Al(OH)_4^-$ 与 NH_4^+ 相互促进水解，形成 $Al(OH)_3$ 沉淀从而与 $Zn(OH)_4^{2-}$ 分离。

总的来说，就是利用这些离子在形成配合物的能力、氧化还原性、氢氧化物的酸碱性方面的差异来分离、检出它们。

3. 仪器和试剂

(1) 仪器

离心管，离心机，胶头滴管，玻璃棒，水浴箱，点滴板。

(2) 试剂

Fe^{3+}、Co^{2+}、Ni^{2+}、Mn^{2+}、Al^{3+}、Cr^{3+}、Zn^{2+} 混合试液，6 mol/L NaOH 溶液，6% H_2O_2 溶液，3 mol/L H_2SO_4，1 mol/L KSCN 溶液，NH_4F 溶液，戊醇，饱和 NH_4SCN 溶液，2 mol/L NH_3H_2O，丁二酮肟，2 mol/L HNO_3，$NaBiO_3$ 固体，饱和 NH_4Cl 溶液，6 mol/L HAc，3 mol/L NH_4Ac 溶液，0.5 mol/L $Pb(Ac)_2$ 溶液，茜素磺酸钠溶液，$(NH_4)_2Hg(SCN)_4$ 溶液。

4. 实验内容

(1) 分离和检出步骤

取 Fe^{3+}、Co^{2+}、Ni^{2+}、Mn^{2+}、Al^{3+}、Cr^{3+}、Zn^{2+} 混合试液 3 mL 于离心管中，参照以下步骤进行分离和检出。

1) Fe^{3+}、Co^{2+}、Ni^{2+}、Mn^{2+} 与 Al^{3+}、Cr^{3+}、Zn^{2+} 的分离

加入足量 NaOH 溶液的同时，加入 H_2O_2，可以把本组离子初步分开，Fe^{3+}、Co^{2+}、Ni^{2+}、Mn^{2+} 转变成 FeO(OH)、CoO(OH)、$Ni(OH)_2$、$MnO(OH)_2$ 沉淀，而 Al^{3+}、Cr^{3+}、Zn^{2+} 分别转变成 $Al(OH)_4^-$、CrO_4^{2-}、$Zn(OH)_4^{2-}$ 留在溶液中。这种分组方法常称为“碱过氧化氢法”。

往试液中加入 5 ~ 6 滴 6 mol/L NaOH 溶液至溶液呈强碱性($pH > 12$)后，再多加 2 ~ 3 滴 NaOH 溶液，然后逐滴加入 6% H_2O_2 溶液，每加 1 滴 H_2O_2，即用玻璃棒搅拌，待沉淀转为棕黑色即停止加 H_2O_2，继续搅拌 2 ~ 3 min。水浴加热，使胶状沉淀凝聚、过量的 H_2O_2 分解(加热至不再有气泡产生为止)。离心分离，把清液移至另一离心管中，记为清液 1，留待 7)、8) 处理。用热水洗涤沉淀一次，离心分离，弃去洗涤液。

2) 沉淀的溶解

往 1) 中所得沉淀上滴几滴 3 mol/L H_2SO_4 溶液、2 滴 6% H_2O_2 溶液，搅拌后，将离心管放水浴中加热至沉淀全部溶解，同时使多余的 H_2O_2 分解，待溶液冷至室温，进行 Fe^{3+}、Co^{2+}、Ni^{2+}、Mn^{2+} 的检出。

3) Fe^{3+} 的检出

取 1 滴 2) 中的溶液加到点滴板凹穴中，加 1 滴 1 mol/L KSCN 溶液，出现 $Fe(SCN)_n^{3-n}$ 的血红色，加入 NH_4F，血红色褪去，表示有 Fe^{3+}。

4) Co^{2+}的检出

在试管中加2滴2)中的溶液和少量NH_4F溶液，再加入少量戊醇，最后加入饱和NH_4SCN溶液，戊醇层呈蓝色(或蓝绿色)，表示有Co^{2+}。

5) Ni^{2+}的检出

在离心管中加2滴2)中的溶液，并加几滴2 mol/L $NH_3 \cdot H_2O$至溶液呈弱碱性(此时析出的沉淀为何物？氨水加得过多有何缺点？)，离心分离，往上层清液中加1～2滴丁二酮肟，产生桃红色沉淀，表示有Ni^{2+}。

6) Mn^{2+}的检出

取1滴2)中的溶液，加入少量2 mol/L HNO_3及$NaBiO_3$固体，搅匀后静置，溶液变紫红色，表示有Mn^{2+}。

如果2)中溶液中有多余的H_2O_2，此时它将与$NaBiO_3$发生氧化还原反应，消耗少量$NaBiO_3$。

7) $Al(OH)_4^-$与CrO_4^{2-}、$Zn(OH)_4^{2-}$的分离及Al^{3+}的检出。

取1 mL 1)中的清液于离心管中，加适量饱和NH_4Cl溶液至溶液呈弱碱性。水浴加热，产生白色絮状沉淀，且不溶于2 mol/L $NH_3 \cdot H_2O$，即是$Al(OH)_3$，表示有Al^{3+}。为了进一步确证Al^{3+}的存在，离心，弃去清液，往沉淀上加几滴6 mol/L HAc和几滴3 mol/L NH_4Ac溶液，然后加几滴茜素磺酸钠溶液，搅匀，沉淀为红色，证实有Al^{3+}。

8) Cr^{3+}的检出

用6 mol/L HAc酸化1)中的清液，HAc的量应能使析出的沉淀溶解。留一半溶液检出Zn^{2+}用，往其余溶液中加几滴0.5 mol/L $Pb(Ac)_2$溶液，产生黄色沉淀，表示有CrO_4^{2-}，即原试液中有Cr^{3+}。

想一想：酸化过程可能见到的白色沉淀为何物？

如果清液中有多余的H_2O_2，在酸性介质中就会与$Cr_2O_7^{2-}$反应，从而减少$Cr_2O_7^{2-}$，使检出的灵敏度降低。

9) Zn^{2+}的检出

往8)留下的溶液中加入等体积的$(NH_4)_2Hg(SCN)_4$溶液，摇动试管生成白色$ZnHg(SCN)_4$沉淀，表示有Zn^{2+}。如果现象不明显，则用玻璃棒摩擦试管壁，以破坏过饱和溶液。

写出各步的有关反应式，将现象写在图4.1的相应位置。

10) 测定可能存在的金属离子

测定未知液中可能存在上述哪些金属离子。

(2) 设计实验

有一Fe^{3+}、Co^{2+}混合液，设计两种不同类型的实验方法，消除用SCN^-检出Co^{2+}时Fe^{3+}的干扰，并与用F^-掩蔽Fe^{3+}的方法进行比较。

另外设计两种不同类型的实验方法，从$Al(OH)_4^-$、$Zn(OH)_4^{2-}$、CrO_4^{2-}混合液中检出CrO_4^{2-}。

请做对照实验后回答能否直接用混合离子的试液检出Fe^{3+}、Co^{2+}、Ni^{2+}、Mn^{2+}。

想一想：能否简化本实验的操作？

以上实验均要求说明与方法对应的实验条件和主要步骤，记录与解释现象，写出反应式。

5. 思考题

①在分离 Fe^{3+}、Co^{2+}、Ni^{2+}、Mn^{2+} 与 Al^{3+}、Cr^{3+}、Zn^{2+} 时，为什么加过量的 NaOH 溶液，同时还要加 H_2O_2 溶液？如果碱加得过多，或多余的 H_2O_2 没有分解完，有何影响？

②为了使 FeO(OH)、CoO(OH)、$Ni(OH)_2$，$MnO(OH)_2$ 等沉淀溶解，除加 H_2SO_4 外，还要加 H_2O_2 溶液，为什么？

③检出 CrO_4^{2-}、Zn^{2+} 时，为什么要先用 HAc 酸化溶液？

Fe^{3+}、Co^{2+}、Ni^{2+}、Mn^{2+}、Al^{3+}、Cr^{3+}、Zn^{2+} 的分离与检出流程如图 4.1 所示。

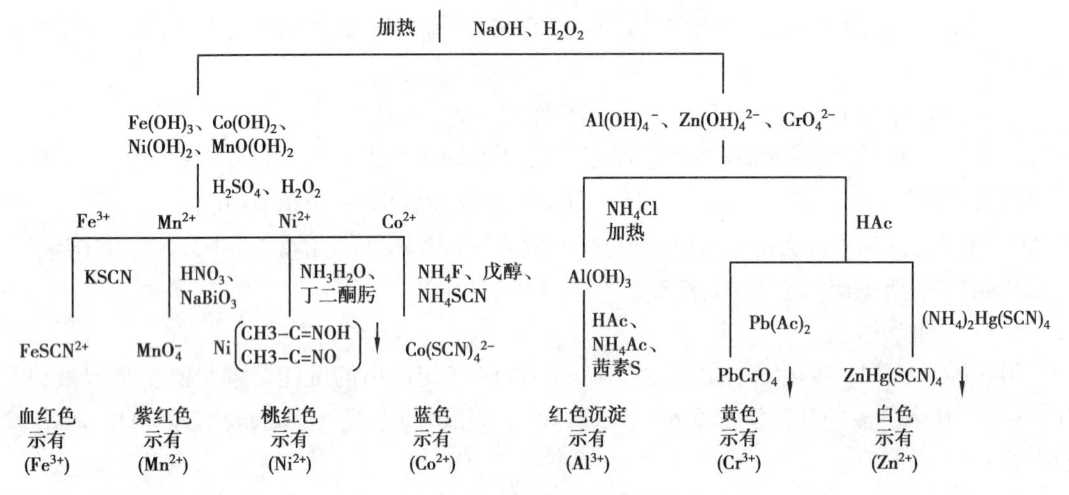

图 4.1 Fe^{3+}、Co^{2+}、Ni^{2+}、Mn^{2+}、Al^{3+}、Cr^{3+}、Zn^{2+} 的分离与检出流程

实验 25 验证性实验的设计

1. 实验目的

①练习验证性实验方案的设计方法。

②通过实验验证“化学平衡移动规律”“相似相溶规则”。

③通过实验验证难溶物溶解度的相对大小、配离子稳定性的相对大小、碳酸盐热稳定性的相对大小。

2. 实验原理

验证性实验是根据能观察到的实验现象，如反应体系颜色的变化、沉淀的生成或溶解、气体的产生、仪器检测得到的数据等来证明某一理论、规律等理性认识的正确性的实验。因此，在进行此类实验时，首先要把论证命题转化为具体命题，即把理性认识通过演绎推理转化为具体实验方法，其次依据确定的实验方法，设计实验条件（包括反应物浓度或用量，介质酸碱性,附加的加热、搅拌等);最后付诸实验操作进行验证。

化学平衡移动服从这样的规律:增大反应物浓度或减小生成物浓度则化学平衡向着生成物方向移动;升高温度则化学平衡向着吸热方向移动。例如,对于反应

$$\underset{\text{红棕色}}{2NO_2} \rightleftharpoons \underset{\text{无色}}{N_2O_4} \qquad \Delta_r H_m^\theta(298.5K) = -57\ kJ/mol$$

当升高温度,平衡向左移动,使红棕色 NO_2 的浓度增加,也就使整个系统的红棕色加深。

物质的溶解性一般服从"相似相溶"规则,即极性溶质较易溶解于极性溶剂中,而非极性溶质较易溶于非极性溶剂中。

难溶物质的溶解度越大,则溶液中相应的离子浓度就越大。溶解度的相对大小可以通过分步沉淀实验得到验证。一般是在相同浓度的两种离子的混合溶液中加入同一种沉淀剂,溶解度较小的难溶物的离子先沉淀,溶解度较大的后沉淀。验证溶解度相对大小的另一种方法是利用沉淀的转化实验,其规律是溶解度较大的沉淀较易转化成溶解度较小的沉淀。

稳定性较小的配离子易转化成稳定性较大的配离子,利用这一特点可以设计实验判断配离子稳定性的相对大小。

碳酸盐热稳定性大小的规律是正盐大于酸式盐,而酸式盐又大于碳酸。

3. 仪器和试剂

(1)仪器

普通试管,酒精灯,试管夹,小型气体发生器,塑料烧杯,温度计,NO_2 与 N_2O_4 混合气体装置(两个 50 mL 的容量瓶)。

(2)试剂

6 mol/L HCl 溶液,3 mol/L H_2SO_4 溶液,饱和 H_2S 溶液,饱和碘水,0.01 mol/L $KMnO_4$ 溶液,0.1 mol/L K_2CrO_4 溶液,0.1 mol/L KSCN 溶液,0.1 mol/L $K_3[Fe(CN)_6]$ 溶液,固体 NH_4F,0.1 mol/L $AgNO_3$ 溶液,(0.1 mol/L)$FeCl_3$ 溶液,饱和石灰水,固体 $CaCO_3$,CCl_4。

4. 实验要求

(1)验证"升高温度,化学平衡向吸热方向移动"

根据温度变化对 NO_2 和 N_2O_4 之间平衡移动的影响,设计实验方案验证"升高温度,化学平衡向吸热方向移动"这一命题。

(2)验证"相似相溶"规则

设计实验方案,验证"相似相溶"规则。要求先转化命题,设计方案;再用实验验证;最后总结实验结果,完成对原命题的验证。

可供选择的试剂有碘水溶液、$KMnO_4$ 溶液和 CCl_4 液体。

(3)验证难溶物溶解度的相对大小

设计实验方案,验证 Ag_2CrO_4 的溶解度比 Ag_2S 的溶解度大。

试剂范围:本实验仪器药品栏内的试剂。

(4)验证配合物稳定性的相对大小

设计实验方案,验证 $[Fe(SCN)_x]^{3-x}(x=1,2,\cdots,6)$、$[FeF_6]^{3-}$、$[Fe(CN)_6]^{3-}$ 3 种配离子

的稳定性依次增大。

试剂范围:本实验仪器药品栏内的试剂。

(5)验证碳酸盐热稳定性的相对大小

设计实验方案,验证 $CaCO_3$ 的热稳定性大于 $Ca(HCO_3)_2$ 的热稳定性。

试剂范围:本实验仪器药品栏内的试剂。

提示:可以用 $CaCO_3(s)$ 与 HCl 溶液反应,在小型气体发生器中制得 CO_2。

5.思考题

①举例说明验证性实验的命题转化方法(不要重复本实验或本书中的例子),指出这种命题转化运用了哪些科学方法。

②在0.1 mol/L $[Fe(CN)_6]^{3-}$ 溶液中加入少许固体KSCN,会有什么现象发生?这一实验可验证什么命题?

③设计实验,说明同离子效应对弱电解质解离平衡的影响。写出实验方案、现象及结论。

实验26 植物中一些元素的分离与鉴定

1.实验目的

①学习从植物中分离与鉴定某些元素的方法。

②巩固氧化还原反应基本知识。

③学习精密离子浓度计和离子选择电极的使用方法。

2.背景知识

松(柏)枝、茶叶、海带、紫菜等植物主要由C、H、O、N等元素组成,此外还含有P、I和某些金属元素,如Ca、Al、Fe、Cu、Zn等。把松(柏)枝或茶叶加热灰化,除了几种主要元素形成易挥发物质逸出外,其他元素则留在灰烬中,在用酸浸取时进入溶液,从浸取液中可以分离鉴定Ca、Mg、Al、Fe与P等元素。灰烬中金属离子生成氢氧化物沉淀时的pH值是不同的:$Ca(OH)_2$ 的 pH >13,$Mg(OH)_2$ 的 pH >11,$Fe(OH)_3$ 的 pH ≥4.1,$Al(OH)_3$ 的 pH ≥ 5.2。而当pH≥7.8时 $Al(OH)_3$ 开始溶解。根据形成沉淀时pH的差异,可以将它们逐一分离。

紫菜中的碘主要以碘化物形式存在。提取紫菜中的碘,工业上用水浸泡法,实验室一般用灼烧法:先将紫菜烧成灰烬,再用固态无水 $FeCl_3$ 将 I^- 直接氧化,其反应方程式为

$$2FeCl_3 + 2KI \xlongequal{} 2FeCl_2 + I_2 + 2KCl$$

利用升华法可以回收其中的碘单质。

用水浸法可以将灰烬中的 I^- 转入到水溶液中,用精密离子浓度计和碘离子选择电极可以测定浸出液中 I^- 的浓度,据此计算紫菜中的碘含量。

3. 仪器和试剂

(1)仪器

电子分析天平(0.1 mg、0.1 g),研钵,烧杯(50 mL、250 mL),普通试管,离心试管,玻璃棒,精密离子浓度计,碘离子选择电极,甘汞电极,容量瓶(100 mL),刻度移液管(25 mL),漏斗(Φ70),离心机,石棉网,铁坩埚,瓷坩埚,电炉,漏斗架,滴管。

(2)试剂

茶叶或松(柏)枝,紫菜,2 mol/L 盐酸,0.1% $K_4[Fe(CN)_6]$ 溶液,0.5 mol/L $(NH_4)_2C_2O_4$ 溶液,0.1%铝试剂,0.1%茜素 S 溶液,0.001%镁试剂Ⅰ,铬黑 T,固体钙试剂,10%钼酸铵溶液,2 mol/L 和 6 mol/L NaOH 溶液,2 mol/L H_2SO_4溶液,浓 H_2SO_4,浓 HAc 溶液,0.5 mol/L $SnCl_2$溶液,氨性缓冲溶液(pH =10),无水乙醇,固体无水 $FeCl_3$,0.1 mol/L KNO_3标准溶液,0.1 mol/L KI 标准溶液,0.1 mol/L KSCN, 6 mol/L HNO_3。

4. 实验内容

(1)松(柏)枝或茶叶中离子的分离与鉴定

①将松(柏)枝或茶叶剪碎烘干。

②取4.0 g已剪碎、干燥的松(柏)枝或茶叶置于瓷坩埚内,于通风橱内用电炉加热灰化,然后移入研钵中研细,取出少量灰烬用于 PO_4^{3-} 的鉴定,其余置于50 mL烧杯中,加入10 mL 2 mol/L盐酸加热搅拌,溶解过滤,洗涤沉淀,保留滤液。

③设计实验方案,分离并鉴定浸出液中的 Ca^{2+}、Mg^{2+}、Al^{3+}、Fe^{3+}和 PO_4^{3-}。

(2)紫菜中碘的提取和碘含量的测定

①称取4.0 g紫菜放入铁坩埚中,加入5 mL乙醇,使紫菜浸湿,用电炉加热30 min成灰白色灰烬,冷至室温,取出灰烬放入研钵中,再放入与灰烬质量相同的无水 $FeCl_3$,研细,转入瓷坩埚内,上面倒扣漏斗,顶端塞入少许玻璃棉,置于石棉网上加热,使碘升华而提取碘。

②准确称取2.0~4.0 g紫菜,放入铁坩埚中灼烧成灰烬,冷至室温,研细后放入烧杯中,加入少量去离子水,加热溶解后加入适量2 mol/L H_2SO_4调节酸碱度使 pH = 5~7,冷却过滤,用去离子水冲洗烧杯,洗液转入漏斗中过滤,滤液转入100 mL容量瓶中,加入50 mL浓度为0.1 mol/L的 KNO_3标准溶液,加去离子水至刻度线,摇匀,制成待测溶液,用精密离子浓度计测 I^-浓度。可以同时灼烧几份灰烬作平行测定,取平均值。

5. 注意事项

①灰化时试样不能堆放太多,尽量不要有明火。

②Ca^{2+}、Mg^{2+}含量也可以通过配位滴定法测定。

③紫菜中 I^-的氧化也可以用 $K_2Cr_2O_7$,缺点是铬盐有毒,污染环境,成本较高。

6. 思考题

①为什么用无水的 $FeCl_3$氧化 I^-?

②在鉴定紫菜中 I^-时,为什么要调 pH =5~7?

③在灰化紫菜时,为什么要用铁坩埚而不用镍坩埚?

实验27　四氧化三铅的组成测定

1. 实验目的

①了解测定 Pb_3O_4的组成的原理和操作步骤。

②学习碘量法的滴定原理和操作方法。

③学习配位滴定的原理和操作方法。

2. 实验原理

Pb_3O_4为红色粉末状固体，俗称铅丹或红丹。该物质为混合价态氧化物，其化学式可写成 $2PbO \cdot PbO_2$，即氧化数为 +2 的 Pb 占 2/3，而氧化数为 +4 的 Pb 占 1/3。但根据其结构，Pb_3O_4应为铅酸盐 Pb_2PbO_4。

Pb_3O_4与足量 HNO_3反应时被分解为 PbO_2和 $Pb(NO_3)_2$，固体的颜色很快从红色变为棕黑色：

$$Pb_3O_4 + 4HNO_3 = PbO_2 + 2Pb(NO_3)_2 + 2H_2O$$

很多金属离子都能与多齿配体 EDTA 以 1∶1的比例生成稳定的螯合物，以 +2 价金属离子 M^{2+}为例，其反应如下：

$$M^{2+} + EDTA^{4-} \longrightarrow MEDTA^{2-}$$

因此，只要控制溶液的酸碱度，选用适当的指示剂，就可用 EDTA 标准溶液对溶液中的特定金属离子进行定量测定。本实验中，Pb_3O_4经 HNO_3作用后生成的 Pb^{2+}可用六次甲基四胺将溶液的 pH 值控制在 5 ~ 6，以二甲酚橙为指示剂，用 EDTA 标准溶液进行测定。

PbO_2是很强的氧化剂，在酸性溶液中，它能定量地氧化溶液中的 I^-：

$$PbO_2 + 4I^- + 4HAc = PbI_2 + I_2 + 2H_2O + 4Ac^-$$

析出的 I_2用 $Na_2S_2O_3$标准溶液滴定，以淀粉作指示剂，从而测定生成的 PbO_2。

$$2S_2O_3^{2-} + I_2 = S_4O_6^{2-} + 2I^-$$

3. 仪器和试剂

(1)仪器

电子分析天平(0.1 mg,0.1 g)，称量瓶(Φ30 ×25)，干燥器，量筒(10 mL、100 mL)，锥形瓶(250 mL)，减压过滤装置，酸式滴定管(50 mL)，碱式滴定管(50 mL)，洗瓶。

(2)试剂

6 mol/L HNO_3溶液，0.01 mol/L EDTA 标准溶液，0.01 mol/L $Na_2S_2O_3$标准溶液，NaAc—HAc(1∶1)混合液，$NH_3 \cdot H_2O$(1∶1)，20%六次甲基四胺溶液，2%淀粉溶液，固体四氧化三铅，固体碘化钾，0.1%二甲酚橙溶液，定量滤纸，广泛 pH 试纸。

4. 实验内容

①要求分别写出 Pb_3O_4的分解、Pb(Ⅱ)含量的测定、Pb(Ⅳ)含量的测定的实验方案、具体操作步骤，注明所需试剂浓度及用量，并说明所使用仪器的规格型号。

②由实验结果计算 Pb(Ⅱ)和 Pb(Ⅳ)的物质的量之比。计算各含量时,以氧化物形式(PbO、PbO_2)表示,并计算 Pb_3O_4在试样中的质量分数。

5. 思考题

①EDTA 和 $Na_2S_2O_3$标准溶液能直接配制吗?为什么?在本次实验中可用什么方法对其进行标定?

②分解 Pb_3O_4能否加入 H_2SO_4或 HCl?为什么?

③PbO_2氧化 I^-需在酸性介质中进行,能否加 HNO_3或 HCl 以替代 HAc?为什么?

④本实验以 Pb(Ⅱ)和 Pb(Ⅳ)物质的量之比为(2±0.05),Pb_3O_4占试样的质量分数大于等于95%为合格,从所得实验结果,分析产生误差的原因。

实验28　葡萄糖酸锌的制备与质量分析

1. 实验目的

①学习和掌握合成简单药物的基本方法。

②学习并掌握葡萄糖酸锌的合成。

③进一步巩固对配位滴定分析法的掌握。

④了解锌的生物意义。

2. 实验原理

锌存在于众多酶系中,如碳酸酐酶、呼吸酶、乳酸脱氢酶、超氧化物歧化酶、碱性磷酸酶、DNA 和 RNA 聚合酶等中,为核酸、蛋白质、碳水化合物的合成和维生素 A 的利用所必需。锌具有促进生长发育,改善味觉的作用。锌缺乏时将出现味觉差、嗅觉差,厌食,生长与智力发育低于正常水平等现象。

葡萄糖酸锌为补锌药,具有见效快、吸收率高、副作用小等优点,主要用于儿童、老人和妊娠妇女因缺锌引起的生长发育迟缓、营养不良、厌食症、复发性口腔溃疡、皮肤痤疮等症。

葡萄糖酸锌为白色或接近白色的结晶状粉末,无臭,略有不适味,可溶于水,易溶于沸水,15 ℃时饱和溶液浓度为25%(质量分数),不溶于无水乙醇、氯仿和乙醚。合成葡萄糖酸锌的方法很多,可以分为直接合成法和间接合成法两大类。直接合成法是以葡萄糖酸钙和硫酸锌(或硝酸锌)等为原料直接合成。这类方法的缺点是产率低、产品纯度差。

间接合成法也是以葡萄糖酸钙为原料,经阳离子交换树脂得葡萄糖酸,再与氧化锌反应得葡萄糖酸锌。它的工艺条件容易控制、产品质量较高。

本实验采用葡萄糖酸钙与硫酸锌直接反应:

$$Ca(C_6H_{11}O_7)_2 + ZnSO_4 = Zn(C_6H_{11}O_7)_2 + CaSO_4\downarrow$$

过滤除去 $CaSO_4$沉淀,溶液经浓缩可得无色或白色葡萄糖酸锌结晶。

葡萄糖酸锌在制作药物前,要经过多个项目的检测。本次实验只是对产品质量进行初步分析,分别用 EDTA 配位滴定法和比浊法检测所制产物的锌和硫酸根含量。《中华人民共和国药典》(2015 年版)规定葡萄糖酸锌含量应为 97.0% ~102.0% 。

3. 仪器和试剂

(1)仪器

台秤,蒸发皿,布氏漏斗,抽滤瓶,循环水泵,电子天平,滴定管(50 mL),移液管 (25 mL),烧杯,容量瓶,锥形瓶(250 mL),比色管(25 mL),电磁搅拌器。

(2)试剂

葡萄糖酸钙(分析纯),硫酸锌(分析纯),$ZnSO_4 \cdot 7H_2O$ (优级纯),活性炭,无水乙醇,95% 乙醇,0.05 mol/L EDTA 标准溶液,20% 六次甲基四胺,2 g/L 二甲酚橙水溶液,2 mol/L HCl,1 mol/L H_2SO_4,标准硫酸钾溶液(硫酸根含量为 100 mg/L),25% 氯化钡溶液。

4. 实验内容

(1)葡萄糖酸锌的制备

量取 40 mL 蒸馏水置于烧杯中,加热至 80 ~90 ℃,加入 6.7 g $ZnSO_4 \cdot 7H_2O$ 使之完全溶解,将烧杯放在 90 ℃的恒温水浴中,再逐渐加入葡萄糖酸钙 10 g,并不断搅拌。在 90 ℃水浴上保温 20 min 后趁热抽滤(滤渣为 $CaSO_4$,弃去),溶液转入烧杯,加热近沸,加入少量活性炭脱色,趁热抽滤。滤液在沸水浴上浓缩至黏稠状(体积约为 20 mL,如浓缩液有沉淀,需过滤掉)。滤液冷却至室温,加 95% 乙醇 20 mL 并不断搅拌,此时有大量的胶状葡萄糖酸锌析出。充分搅拌后,用倾滗法去除乙醇液。再在沉淀上加 95% 乙醇 20 mL,充分搅拌后,沉淀慢慢转变成晶体状,抽滤至干,即得粗品(母液回收)。再将粗品加水 20 mL,加热至溶解,趁热抽滤,滤液冷却至室温,加 95% 乙醇 20 mL 充分搅拌,结晶析出后,抽滤至干,即得精品,在 50 ℃烘干,称重并计算产率。

(2)硫酸盐的检查

取试样 0.5 g,加水溶解使成约 20 mL 溶液 (溶液如显碱性,可滴加盐酸使显中性;溶液如不澄清,应过滤),置 25 mL 比色管中,加稀盐酸 2 mL,摇匀,即得供试溶液。另取标准硫酸钾溶液 2.5 mL,置 25 mL 比色管中,加水使成约 20 mL,加稀盐酸 2 mL,摇匀,即得对照溶液。于供试溶液与对照溶液中,分别加入 25% 氯化钡溶液 2 mL,用水稀释至 25 mL,充分摇匀,放置 10 min,同置黑色背景上,从比色管上方向下观察、比较,如出现浑浊,与标准硫酸钾溶液制成的对照液比较,不得更浓(0.05%)。

(3)锌含量的测定

准确称取试样约 0.7g,加水 100 mL,微热使溶解,加入 2.5 mL 2 mol/L HCl 及 15 mL 20% 六次甲基四胺缓冲溶液,加 1 ~2 滴 2 g/L 二甲酚橙指示剂,用 0.05 mol/L EDTA 标准溶液滴定至溶液由紫红色变为亮黄色,即为终点。记录所消耗的 EDTA 的体积。平行滴定 3 次。计算锌的含量。

5. 数据记录与处理

(1)硫酸盐检查

1)现象描述

2)检查结论

---

(2)葡萄糖酸锌的含量测定

数据记录见表4.5。

表4.5 葡萄糖酸锌的含量测定

测定次数	1	2	3
m(葡萄糖酸锌)/g			
V(EDTA)/mL			
W(葡萄糖酸锌)			
W(平均值)			
相对平均偏差			

6.注意事项

①反应需在90 ℃恒温水浴中进行。这是由于温度太高,葡萄糖酸锌会分解;温度太低,葡萄糖酸锌的溶解度降低。

②葡萄糖酸钙与硫酸锌反应时间不可过短,要保证充分生成硫酸钙沉淀。

③抽滤除去硫酸钙后的滤液如果无色,可以不进行脱色处理。如果要进行脱色处理,一定要趁热过滤,以防止产物过早冷却而析出。

④在硫酸根检查实验中,要注意比色管对照管和样品管的配对;两管的操作要平行进行,受光照程度要一致,光线应从正面照入,置白色背景(黑色浑浊)或黑色背景(白色浑浊)上,自上而下观察。

⑤以乙醇为溶剂进行重结晶时,开始有大量胶状葡萄糖酸锌析出,不易搅拌,可用竹棒代替玻璃棒进行搅拌。乙醇溶液全部回收。

⑥葡萄糖酸锌加水不溶时,可微热。本品制剂要求遮光,密闭保存。

7.思考题

①葡萄糖酸锌含量测定结果若不符合规定,可能有哪些原因?

②葡萄糖酸锌可以用哪几种方法进行结晶?

实验29 三草酸合铁(Ⅲ)酸钾的制备及其性质

1.实验目的

①制备三草酸合铁(Ⅲ)酸钾,学习简单配合物的制备方法。

②练习用"溶剂替换法"进行结晶的操作。

③了解三草酸合铁(Ⅲ)酸钾的光化学性质及用途。

④了解酸度、浓度等对配位平衡的影响，比较配位离子的相对稳定性。

2. 实验原理

本实验是用铁(Ⅱ)盐与草酸反应制备难溶的 $FeC_2O_4 \cdot 2H_2O$，然后在有 $K_2C_2O_4$ 存在下，用 H_2O_2 将 FeC_2O_4 氧化成 $K_3Fe(C_2O_4)_3$，同时有 $Fe(OH)_3$ 生成，加适量的 $H_2C_2O_4$ 溶液，可使 $Fe(OH)_3$ 转化成配合物。

$$6FeC_2O_4 \cdot 2H_2O + 3H_2O_2 + 6K_2C_2O_4 = 4K_3[Fe(C_2O_4)_3] + 2Fe(OH)_3 + 12H_2O$$

$$2Fe(OH)_3 + 3H_2C_2O_4 + 3K_2C_2O_4 = 2K_3[Fe(C_2O_4)_3] + 6H_2O$$

总反应式为：

$$2FeC_2O_4 \cdot 2H_2O + H_2O_2 + 3K_2C_2O_4 + H_2C_2O_4 = 2K_3[Fe(C_2O_4)_3] + 6H_2O$$

三草酸合铁(Ⅲ)酸钾是翠绿色单斜晶体，溶于水，难溶于乙醇，往该化合物的水溶液中加入乙醇后，可析出 $K_3[Fe(C_2O_4)_3] \cdot 3H_2O$ 结晶。它能吸收光能发生光化学反应，变成黄色。

$$2K_3[Fe(C_2O_4)_3] \xlongequal{光} 2FeC_2O_4 + 3K_2C_2O_4 + 2CO_2$$

Fe(Ⅱ)与六氰合铁(Ⅲ)酸钾反应生成蓝色的 $KFe[Fe(CN)_6]$。

$K_3[Fe(C_2O_4)_3] \cdot 3H_2O$ 在 100 ℃失去结晶水，230 ℃分解。$FeC_2O_4 \cdot 2H_2O$ 在温度高于 100 ℃时分解。

每一种配离子，在水溶液中均同时存在配位和电离过程，即配位平衡：

$$Fe^{3+} + 3C_2O_4^{2-} \rightleftharpoons Fe(C_2O_4)_3^{3-}$$

$$K_{稳} = \frac{[Fe(C_2O_4)_3^{3-}]}{[Fe^{3+}][C_2O_4^{2-}]^2} = 2 \times 10^{20}$$

在 $K_3Fe(C_2O_4)_3$ 溶液中加入酸、碱、沉淀剂或比 $C_2O_4^{2-}$ 配位能力强的配合剂，将会改变 $C_2O_4^{2-}$ 或 Fe^{3+} 的浓度，使配位平衡移动，甚至平衡遭到破坏或转化成另一种配合物。

3. 仪器和试剂

(1) 仪器

点滴板，胶头滴管，棉线，烧杯，表面皿，烘箱。

(2) 试剂

3 mol/L H_2SO_4 溶液，固体 $H_2C_2O_4 \cdot 2H_2O$，固体 $FeSO_4 \cdot 7H_2O$，固体 $FeC_2O_4 \cdot 2H_2O$，蒸馏水，0.5 mol/L $K_3Fe(CN)_6$ 溶液，0.5 mol/L $H_2C_2O_4$ 溶液，乙醇，$K_3[Fe(C_2O_4)_3] \cdot 3H_2O$ 晶体，6% H_2O_2 溶液，0.1 mol/L $K_2C_2O_4$ 溶液，1 mol/L $K_2C_2O_4$ 溶液，0.2 mol/L $FeCl_3$ 溶液，0.5 mol/L $CaCl_2$ 溶液，饱和酒石酸氢钠 $NaHC_4H_4O_6$ 溶液，1 mol/L KSCN 溶液，6 mol/L HAc 溶液，0.5 mol/L Na_2S 溶液，1 mol/L NH_4F 溶液。

4. 实验内容

(1) 制备三草酸合铁(Ⅲ)酸钾

1) 制 $FeC_2O_4 \cdot 2H_2O$

称取 5.0 g 自制的 $(NH_4)_2SO_4 \cdot FeSO_4 \cdot 6H_2O$ 或 3.6 g 自制的 $FeSO_4 \cdot 7H_2O$，加数滴 3 mol/L H_2SO_4(防止该固体溶于水时水解)，另称取 1.7 g $H_2C_2O_4 \cdot 2H_2O$，将它们分别用蒸馏水

溶解(根据反应物与产物的溶解度确定水的用量),如有不溶物,应过滤。将两溶液徐徐混合,加热至沸,同时不断搅拌以免暴沸,维持微沸约 4 min 后停止加热。取少量清液于试管中,煮沸,根据有无沉淀产生判断是否还需要加热。证实反应基本完全后,将溶液静置,待 $FeC_2O_4 \cdot 2H_2O$充分沉降后,用倾滗法弃去上层清液,用热蒸馏水少量多次地将 $FeC_2O_4 \cdot 2H_2O$ 洗净,洗净的标准是洗涤液中检验不到 SO_4^{2-}。

想一想:检验 SO_4^{2-} 时,如何消除 $C_2O_4^{2-}$ 的干扰?

2)进行氧化与配位反应制备 $K_3Fe(C_2O_4)_3$

称取 3.5 g $FeC_2O_4 \cdot 2H_2O$,加 10 mL 蒸馏水,微热使之溶解,所得 $K_2C_2O_4$溶液加到已洗净的 $FeC_2O_4 \cdot 2H_2O$ 中,将盛混合物的容器置于 40 ℃左右的热水中,用滴管慢慢加入 8 mL 6% H_2O_2溶液,边加边充分搅拌,在生成 $K_3Fe(C_2O_4)_3$的同时,有 $Fe(OH)_3$沉淀生成。加完 H_2O_2后,取 1 滴所得悬浊液于点滴板凹穴中,加 1 滴 $K_3Fe(CN)_6$溶液,如果出现蓝色,说明还有 Fe(Ⅱ),需再加入 H_2O_2,至检验不到 Fe(Ⅱ)。

证实 Fe(Ⅱ)已氧化完全后,将溶液加热至沸(加热过程要充分搅拌),先一次加入 6 mL 0.5 mol/L $H_2C_2O_4$溶液,在保持微沸的情况下,继续滴加 0.5 mol/L $H_2C_2O_4$溶液,至溶液完全变为透明的绿色。记录所用 $H_2C_2O_4$溶液的量。

3)用溶剂替换法析出结晶

往所得的透明绿色溶液中加入 10 mL 乙醇,将一小段棉线悬挂在溶液中,棉线可固定在一段比烧杯口径稍大的塑料条上。将烧杯盖好,在暗处放置数小时后,即有$K_3[Fe(C_2O_4)_3] \cdot 3H_2O$晶体析出,减压过滤,往晶体上滴少量乙醇,继续抽干,置于表面皿上,放入烘箱内烘 20 min,称重,计算产率。

(2)产品的光化学实验

①在表面皿或点滴板上放少许 $K_3[Fe(C_2O_4)_3] \cdot 3H_2O$ 产品,置于日光下一段时间,观察晶体颜色变化,并与放在暗处的晶体比较。

②取 0.5 mL 上述产品的饱和溶液与等体积的 0.5 mol/L $K_3Fe(CN)_6$溶液混均匀。

用毛笔蘸此混合液在白纸上写字,字迹经强光照射后,由浅黄色变为蓝色。或用毛笔蘸此混合液均匀涂在纸上,放暗处晾干后,附上图案,在强光下照射,曝光部分变深蓝色,即得到蓝底白线的图案。

(3)配合物的性质

称取 1 g 产品溶于 20 mL 蒸馏水中,溶液供下面实验用。

1)确定配合物的内外界

①检定 K^+。

取少量 0.1 mol/L $K_2C_2O_4$及产品溶液,分别与饱和酒石酸氢钠 $NaHC_4H_4O_6$溶液作用。充分摇匀,观察现象是否相同。如果现象不明显,可用玻璃棒摩擦试管内壁,稍等,再观察。

②检定 $C_2O_4^{2-}$。

在少量 0.1 mol/L $K_2C_2O_4$及产品溶液中分别加入 2 滴 0.5 mol/L $CaCl_2$溶液,观察现象有何不同。

③检定 Fe^{3+}。

在少量 0.2 mol/L $FeCl_3$及产品溶液中,分别加入 1 滴 1 mol/L KSCN 溶液,观察现象有何不同。

综合以上实验现象，确定所制得的配合物中哪种离子在内界，哪种离子在外界。

2）酸度对配合平衡的影响

①在两支盛有少量产品溶液的试管中，各加 1 滴 1 mol/L KSCN 溶液，然后分别滴加 6 mol/L HAc 溶液和 3 mol/L H_2SO_4溶液，观察溶液颜色有何变化。

②在少量产品溶液中滴加 2 mol/L 氨水，观察有何变化。

试用影响配合平衡的酸效应及水解效应解释观察到的现象。

3）沉淀反应对配合平衡的影响

在少量产品溶液中加 1 滴 0.5 mol/L Na_2S 溶液，观察现象，写出反应式，并加以解释。

4）配合物的相互转变及稳定性比较

①往少量 0.2 mol/L $FeCl_3$溶液中加 1 滴 1 mol/L KSCN 溶液立即变为血红色，再往溶液中滴入 1 mol/L NH_4F 溶液，至血红色刚好褪去。将所得 FeF^{2+}溶液分为两份，往一份溶液中加入 1 mol/L KSCN，观察血红色是否容易重现。从实验现象比较可逆反应 $FeSCN^{2+} \underset{SCN^-}{\overset{F^-}{\rightleftharpoons}} FeF^{2+}$ 两个方向上的难易。

往另一份 FeF^{2+}溶液中滴入 1 mol/L $K_2C_2O_4$溶液，至溶液刚好转为黄绿色，记下 $K_2C_2O_4$溶液的用量，再往此溶液中滴入 1 mol/L NH_4F 溶液，至黄绿色刚好褪去，比较 $K_2C_2O_4$和 NH_4F 的用量，判断可逆反应 $FeF^{2+} \underset{F^-}{\overset{C_2O_4^{2-}}{\rightleftharpoons}} Fe(C_2O_4)_3^{3-}$ 两个方向上的难易。

②在 0.5 mol/L $K_3Fe(CN)_6$溶液和产品溶液中分别滴入 2 mol/L NaOH 溶液，观察现象有何不同；比较 $Fe(CN)_6^{3-}$ 与 $Fe(C_2O_4)_3^{3-}$ 何者更稳定。

综合以上实验现象，定性判断配位体 SCN^-、F^-、$C_2O_4^{2-}$、CN^- 与 Fe^{3+} 配位能力的强弱。

（4）注意事项

①Fe(Ⅱ)一定要氧化完全，如果 $FeC_2O_4 \cdot 2H_2O$ 未氧化完全，即使加再多的 $H_2C_2O_4$溶液，也不能使溶液变透明，此时应采取趁热过滤，或往沉淀上再加 H_2O_2等补救措施。

②控制好反应后 $K_3Fe(C_2O_4)_3$的总体积，对结晶有利。

③将 $K_3Fe(C_2O_4)_3$溶液转移至一个干净的小烧杯中，再悬挂一根棉线，使在棉线上结晶。

5. 思考题

①在制备三草酸合铁(Ⅲ)酸钾的实验中：

a. 加入 H_2O_2溶液的速度过慢或过快各有何缺点？用 H_2O_2作氧化剂有何优越之处？

b. 最后一步能否用蒸干溶液的办法来提高产率？

c. 制得草酸亚铁后，要洗去哪些杂质？

d. 能否直接由 Fe^{3+}制备 $K_3Fe(C_2O_4)_3$？有无更佳制备方法？查阅资料后回答。

e. 哪些试剂不可以过量？为什么最后加入的草酸溶液要逐滴滴加？

f. 应根据哪种试剂的用量计算产率？

②影响配合物稳定性的因素有哪些？

实验30　$BaTiO_3$纳米粉的溶胶-凝胶法制备及其表征

1. 实验目的

①了解纳米粉材料的应用和纳米技术的发展。
②学习和掌握溶胶-凝胶法制备纳米粉的原理和方法。
③制备纳米钛酸钡粉体。

2. 实验原理

纳米科技自诞生以来所取得的成就及其对各个领域的影响和渗透一直令人瞩目。20世纪90年代,世界各国在纳米科技的研究上都投入了巨大的财力和人力,作为纳米科技重要组成部分的纳米材料获得了巨大的发展,纳米材料广泛应用于陶瓷、生物、医学、化工、电子学和光电等领域。由于有机纳米材料具有独特的表面效应、量子效应及局域场效应等大结构特性,表现出一系列与普通多晶体和非晶体物质不同的光、电、力、磁等性能,因此有机纳米材料的制备、结构以及应用前景,将成为21世纪材料科学研究的新热点,然而纳米材料的制备方法与手段直接影响纳米材料的结构、性能及应用,所以发展高效纳米材料制备技术十分重要。溶胶-凝胶(Sol-Gel)法是制备纳米粉的有效方法之一。

溶胶-凝胶法是指金属有机化合物或无机化合物经过溶液、溶胶、凝胶而固化,再经热处理而成氧化物或其他化合物固体的方法。该法可追溯到19世纪中叶,当时,M. Ebelman发现正硅酸乙酯水解形成的SiO_2呈玻璃状,随后Graham研究发现SiO_2凝胶中的水可以被有机溶剂置换,此现象引起了化学家的注意。经过长时间探索,胶体化学学科逐渐成形。在20世纪30—70年代,矿物学家、陶瓷学家、玻璃学家分别通过溶胶-凝胶法制备出了相图研究中的均质试样,并在低温下制备出了透明PLZT陶瓷和Pyrex耐热玻璃。核化学家也利用此法制备核燃料,避免了危险粉尘的产生。这一阶段,把胶体化学原理应用到制备无机材料获得初步成功,科学家们开始重视此法,并认识到该法与传统烧结、熔融等物理方法的不同,引出“通过化学途径制备优良陶瓷”的概念,还称该法为化学合成法或SSG(Solution-Sol-Gel)法。另外,该法在制备材料初期就进行控制,使材料均匀性可达到亚微米级、纳米级,甚至分子级水平,也就是说在材料制造早期就着手控制材料的微观结构,而引出“超微结构工艺过程”的概念,进而认识到利用此法可对材料性能进行剪裁。

溶胶-凝胶法不仅可用于制备微粉,而且可用于制备薄膜、纤维和复合材料,其优缺点如下。

①高纯度。粉料(特别是多组分粉料)制备过程中无须机械混合,不易引进杂质。

②化学均匀性好。由于溶胶-凝胶过程中,溶胶由溶液制得,化合物在分子级水平混合,故胶粒内及胶粒间化学成分完全一致。

③颗粒细。胶粒尺寸小于0.1 pm。

④该法可容纳不溶性组分或不沉淀组分。不溶性颗粒均匀地分散在含不产生沉淀的组分的溶液中,经溶胶凝化,不溶性组分可自然地固定在凝胶体系中,不溶性组分颗粒越细，体系

化学均匀性越好。

⑤掺杂分布均匀。可溶性微量掺杂组分分布均匀,不会分离、偏析,比醇盐水解法优越。

⑥合成温度低,成分容易控制。

⑦粉末活性高。

⑧工艺、设备简单,但原材料价格昂贵。

⑨烘干后的球形凝胶颗粒自身烧结温度低,但凝胶颗粒之间烧结性差,块体材料烧结性不好。

⑩干燥时收缩大。

钛酸钡($BaTiO_3$)具有良好的介电性,是电子陶瓷领域应用最广的材料之一。传统的制备钛酸钡的方法是固相合成,这种方法生成的粉末颗粒粗且硬,不能满足高科技应用的要求。现代科技要求陶瓷粉体具有高纯、超细、粒径分布窄等特性,纳米材料与粗晶材料相比,在物理和力学性能方面有极大的差别。由于颗粒尺寸减小而引起的材料物理性能的变化主要表现在:熔点降低,烧结温度降低、荧光谱峰向低波长移动、铁电和铁磁性能消失、电导增强等。溶液化学法是制备超细粉体的一种重要方法,其中以溶胶-凝胶法最为常用。

(1)溶胶-凝胶法的基本原理

溶胶-凝胶法以金属醇盐的水解和聚合反应为基础。其反应过程通常用下列方程式表示:

①水解反应:

$$M(OR)_4 + xH_2O = M(OR)_{4-x}(OH)_x + xROH$$

②缩合聚合反应:

失水缩合:$—M—OH + OH—M— \longrightarrow —M—O—M— + H_2O$

失醇缩合:$—M—OH + OH—M— \longrightarrow —M—O—M— + ROH$

缩合产物不断发生水解、缩聚反应,溶液的黏度不断增加,最终形成凝胶(含“金属—氧—金属”键的网络结构)的无机聚合物。正是由于金属—氧—金属键的形成,Sol-Gel 法才能在低温下合成材料。Sol-Gel 技术的关键就在于控制条件发生水解、缩聚反应形成溶胶、凝胶。

(2)溶胶-凝胶方法合成 $BaTiO_3$ 纳米粉体的工艺流程及原理

该方法的简单原理是:钛酸四丁酯是一种非常活泼的醇盐,遇水会发生剧烈的水解反应,吸收空气或体系中的水分而逐渐水解,水解产物发生失水缩合形成三维网络状凝胶,而 Ba^{2+} 或$Ba(Ac)_2$的多聚体均匀分布于网络中。高温热处理时,溶剂挥发或灼烧—Ti—O—Ti—多聚体与 $Ba(Ac)_2$分解产生的 $BaCO_3$(X 射线衍射分析表明,在形成 $BaTiO_3$ 前有 $BaCO_3$生成),生成 $BaTiO_3$。纳米粉的表征可以用 X 射线衍射(X-ray diffraction, XRD)、透射电子显微镜(transmission electron microscopy, TEM)、比表面积测定和红外透射光谱等方法,本实验仅采用 XRD 技术。

3. 仪器和试剂

(1)仪器

氧化铝坩埚,马弗炉,电子天平,磁力搅拌器,烧杯,量筒(50 mL),玻璃棒,烘箱,研钵,X 射线衍射仪等。

(2)试剂

钛酸四丁酯,正丁醇,冰醋酸,醋酸钡,pH 试纸,滤纸。

4. 实验内容

(1)溶胶及凝胶的制备

准确称取钛酸四丁酯10.210 8 g(0.03 mol),置于小烧杯中,倒入30 mL正丁醇使其溶解,边搅拌边加入10 mL冰醋酸,混合均匀。另准确称取等物质的量的已干燥过的无水醋酸钡(7.663 5 g),溶于15 mL蒸馏水中,形成$Ba(Ac)_2$水溶液。将其加到钛酸四丁酯的正丁醇溶液中,边滴加边搅拌,混合均匀后用冰醋酸调节溶液酸碱度至pH值为3.5,即得淡黄色澄清透明的溶胶。用普通分析滤纸将烧杯口盖上、扎紧,室温下静置24 h,即可得到近乎透明的凝胶。

(2)干凝胶的制备

将凝胶捣碎,置于烘箱中,在100 ℃下充分干燥(24 h以上),去除溶剂和水分,即得干凝胶。研细备用。

(3)高温灼烧处理

将研细的干凝胶置于氧化铝坩埚中进行热处理。先以4 ℃/min的速度升温至250 ℃,保温1 h,以彻底除去粉料中的有机溶剂。然后以8 ℃/min的速度升温至1 000 ℃,保温2 h,然后自然降至室温,即得到白色或淡黄色固体,研细即可得到结晶态$BaTiO_3$纳米粉。$BaTiO_3$纳米粉的制备流程如图4.2所示。

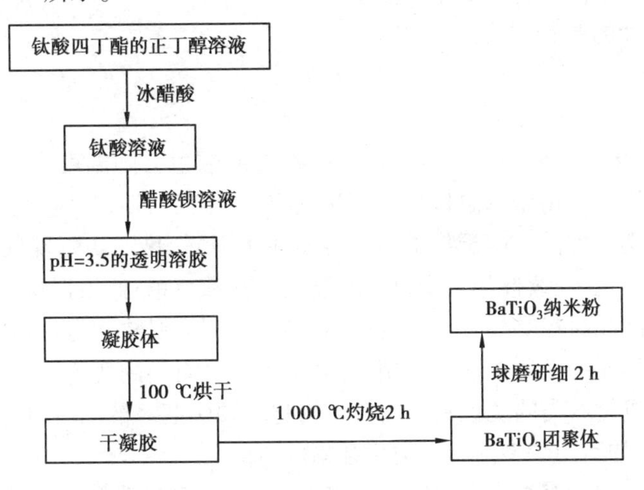

图4.2　溶胶-凝胶法制备$BaTiO_3$纳米粉的工艺流程

(4)纳米粉的表征

将$BaTiO_3$纳米粉涂于专用样品板上,于X射线衍射仪上测定衍射图。

5. 结果与讨论

对得到衍射图的数据进行计算机检索或与标准图谱对照,可以证实所得$BaTiO_3$是否为结晶态,同时还可以根据给出的公式计算所得$BaTiO_3$是否为纳米粒子。

$BaTiO_3$纳米粉的平均晶粒尺寸可以由下式计算:

$$D=\frac{0.9\lambda}{\beta\cos\theta}$$

式中,D为晶粒尺寸,纳米微粒一般为1~100 nm;λ为入射X射线波长,对Cu靶,

λ =0.154 2 nm;θ 为 X 射线衍射的布拉格角(以度计);β 为 θ 处衍射峰的半高宽(以弧度计),其中 β 和 θ 可由 X 射线衍射数据直接给出。

6. 注意事项

①本实验使用广义溶胶-凝胶法水解得到的干凝胶并非无定形的 $BaTiO_3$,而是一种混合物,只有经过适当的热处理才成为纯的 $BaTiO_3$ 纳米粉。

②确定热处理温度要通过 DTA 曲线。

③制备的前体溶胶,应清澈透明略有黄色且有一定黏度,若出现分层或沉淀,则表示失败。

实验31 热致变色物质四氯合铜二二乙胺盐的制备及性质测定

1. 实验目的

①了解热致变色物质变色的原理。

②进一步熟悉简单配合物的制备方法。

③学习实验设计的基本方法。

2. 实验原理

热致变色物质(thermochromic material)是指物质的颜色会随温度变化而发生变化的一类材料。最初这类物质主要用作示温材料,到20世纪80年代后期,其应用领域逐渐拓展到纺织品、印刷、涂料和防伪等方面。由于物质的种类和性质不同,热致变色现象可以分为可逆热致变色和不可逆热致变色、连续性热致变色和非连续性热致变色;而根据材料的组成和性质则可分为:无机材料类、液晶材料类和有机材料类,总体上分属无机物和有机物。

不同热致变色物质的变色机理各不相同,其中无机材料类的变色多与晶体结构、配合物类型变化有关。而有机材料类的变色则多由其异构化现象引起。液晶材料类的变色则多与螺距随温度的变化有关,如运用较多的胆甾类化合物。

无机热致变色材料大多数为 Ag、Cu、Hg、Co、Ni 和 Cr 等过渡金属的碘化物、氧化物、配合物、复盐等。本实验研究的热致变色物质为 Cu 的配合物$[(CH_3CH_2)_2NH_2]_2CuCl_4$,它在室温下为亮绿色,当温度稍升高,则变为黄褐色。其变色原因是在室温下,4 个 Cl^- 与 Cu^{2+} 配位形成平面四边形的结构,而当温度升高,由于平衡电荷离子$[(CH_3CH_2)_2NH_2]^-$的热振动,N—H…Cl的氢键发生变化,这一作用使原来的平面四边形结构发生扭曲而变成四面体结构,因而呈现不同的颜色。

本实验以 $CuCl_2$ 与二乙胺盐酸盐反应制备目标产物。

$$CuCl_2 + 2\ CH_3CH_2CH_2NH_2 \cdot HCl = [CH_3(CH_2)_2NH_2]_2CuCl_4$$

四氯合铜二二乙胺盐易溶于乙醇,而在异丙醇中溶解度较小,易吸湿。二乙胺盐酸盐也可通过二乙胺与盐酸 1∶2反应制得。

3. 仪器和试剂

(1)仪器

台秤,酒精灯,烧杯。

(2)试剂

0.01 mol 二乙胺盐酸盐,异丙醇,无水乙醇。

4. 实验内容

(1)四氯合铜二二乙胺盐的制备

称取0.01 mol 二乙胺盐酸盐溶于7 mL 异丙醇,稍加热使之溶解。另称取0.005 mol 无水 $CuCl_2$溶于2 mL 的无水乙醇,如不溶解可稍加热搅拌使之溶解。将 $CuCl_2$溶液逐滴加入二乙胺盐酸盐的溶液中,观察溶液颜色变化。

此处如果直接将溶液冷却,晶体不易析出,通过查阅资料,设计实验促使晶体快速从溶液中析出,可比较不同晶体析出方式的优缺点。记录过程中体现的颜色变化,并解释。

待有绿色针状晶体析出,迅速抽滤,并用异丙醇洗涤后放入真空干燥器内晾干,称重,计算产率。

(2)热致变色性能测试

取少量样品,装入封口熔点毛细管中敦实,并将毛细管另一端封口。用橡皮筋将毛细管固定于温度计上,置于水浴中缓慢加热,当温度升至40~55 ℃时注意观察样品颜色变化并记录变色温度。将样品取出,在室温下冷却,再次观察颜色变化并记录变色温度。

5. 思考题

①为什么样品要在干燥器内晾干而不用烘箱烘干?基于这一性质,在操作过程中应该注意什么?

②本实验中晶体可能不易析出,用什么方法可以促进晶体析出?

③测定变色温度时,哪些因素会影响测定的准确性,如何降低这种影响?

④$[(CH_3CH_2)_2NH_2]NiCl_4$也具有热致变色性能,试通过查阅资料设计实验合成这一镍配合物并测定其变色温度。

扩展阅读

(1)无机变色材料的主要变色机理

①晶型转变,如 HgI_2 在温度低于137 ℃时为红色,而高于此温度时变为蓝色,原因就是在此温度变化过程中 HgI_2 由原来的正方形结构变为斜方体晶型。

②分子结构改变,如 $NiCl_2 \cdot 2C_6H_{12}N_4 \cdot 10H_2O$ 在常温下为绿色,在110 ℃左右开始失水呈黄色,一旦吸水又会变成绿色。

③分子间化学反应,如 $PbCrO_4$ 在温度升高后,CrO_4^{2-} 的氧化能力增强,与 Pb^{2+} 发生氧化还原反应产生 Pb^{4+},由黄色变成红色。冷却后,Pb^{4+} 变得不稳定,重新氧化 CrO_4^{2-} 的还原产物,颜色复原。

④配体发生变化,如 $CoCl_2$ 的 HCl 水溶液,在温度低于20 ℃时 Co^{2+} 主要与 H_2O 配位形成

$[Co(H_2O)_6]^{2+}$，为紫红色；而当温度高于 20 ℃后 Cl^- 取代水为配体，形成 $[CoCl_4]^{2-}$ 为蓝色。

⑤配位几何构型变化，如本实验中合成的铜离子配合物。

(2) $[(CH_3CH_2)_2NH_2]_2CuCl_4$ 的低温固相合成

除了可在溶液中合成外，本实验的目标产物也可通过低温固相合成得到，方法如下：

室温下，将二乙胺盐酸盐和无水 $CuCl_2$，按物质的量之比 2∶1 混合研磨 10 min 后，迅速转移至具塞锥形瓶中。水浴 60 ℃恒温 2.5 h 取出后冷却，用少量异丙醇洗涤，真空干燥后得产品。

实验 32　纳米 $CuFe_2O_4$ 的水热合成与性能表征

1. 实验目的

①了解金属复合氧化物的制备方法。

②了解 XRD 等仪器设备在判断物相组成中的应用。

③掌握利用高压反应釜制备金属复合氧化物的过程，理解温度、压力等因素对晶相转变、晶体粒度等的影响。

2. 实验原理

尖晶石型铁酸盐是一类以 Fe(Ⅲ)氧化物为主要成分的复合氧化物。20 世纪 30 年代以来，人们便开始对其进行系统的研究。它的一般化学式为 MFe_2O_4，M 为二价金属离子，如 Cu^{2+}、Co^{2+}、Ni^{2+}、Zn^{2+}、Mg^{2+} 等。其中 O^{2-} 为立方紧密堆积排列，M^{2+} 和 Fe^{3+} 则按一定规律填充在 O^{2-} 堆积所形成的四面体和八面体空隙中。尖晶石型铁酸盐作为一种软磁性材料已广泛应用于互感器件、磁芯轴承、转换开关以及磁记录材料等。近年来，超细化技术在材料制备方面的发展，也促进了尖晶石型铁酸盐的超细化制备，从而扩大了其应用范围，尤其是吸附及催化方面的应用，增加了化学工作者和材料科学工作者的兴趣。

一般的固态铁酸盐材料通常是利用 α-Fe_2O_3 与其他金属氧化物（或碳酸盐等）在高温条件下的固相化学反应制得的，而纳米级铁酸盐粉体一般是利用湿化学法制备的。其中的水热合成法是指在特制的密闭反应釜中，以水为介质，通过加热，在高温、高压的特殊环境下，使物质间在非理想、非平衡的状态下发生化学反应并且结晶，再经过分离等处理得到产物。水热合成实质上降低了物质的反应温度，是制备纳米材料的重要方法之一。

3. 仪器和试剂

(1) 仪器

压力反应釜，X 射线衍射仪，烘箱，电动搅拌器，抽滤瓶，布氏漏斗，烧杯（100 mL），移液管（20 mL），天平。

(2) 试剂

氯化铁（$FeCl_3 \cdot 6H_2O$）、硫酸铜（$CuSO_4 \cdot 5H_2O$）、醋酸钠（NaAc）、聚乙烯吡咯烷酮（PVP）、乙二醇。

4. 实验内容

(1)水热合成

首先将1.0 g PVP溶解于40 mL乙二醇中,形成PVP的乙二醇溶液。然后向上述溶液中依次加入2.5 mmol $CuSO_4$溶液、5.0 mmol $FeCl_3$溶液和30 mmol NaAc溶液,搅拌1 h后转移至50 mL聚四氟乙烯内衬中,在200 ℃下反应4 h。反应结束后用蒸馏水和乙醇洗涤、抽滤,并在60 ℃下烘10 h得样品。

(2)物相表征

用X射线衍射仪分析产物(衍射角2θ:10°~70°),根据图谱分析物相组成、晶体构型及结晶情况。

5. 思考题

①纳米级$CuFe_2O_4$有何应用?

②PVP在制备纳米粉体中有何作用?

③X射线衍射仪分析图谱中,半峰宽及峰高与合成温度及时间有何依赖关系?

④不同比例的Cu和Fe对产物XRD结果有何影响?

实验33 聚合硫酸铁净水剂的制备及性能测定

1. 实验目的

①了解聚合硫酸铁的性质与用途。

②学习如何制备聚合硫酸铁。

③了解聚合硫酸铁主要性能指标的测定。

2. 实验原理

絮凝净水剂也称混凝剂,是一种能使水溶液中的溶质、胶体或悬浮物颗粒脱稳而产生絮状物或絮状沉淀物的药剂,可分为无机絮凝剂、有机絮凝剂和微生物絮凝剂三大类。其中,无机絮凝剂包括无机低分子絮凝剂和无机高分子絮凝剂;有机絮凝剂包括人工合成有机高分子絮凝剂和天然有机高分子絮凝剂。絮凝剂在水处理及工业生产过程的固液分离中起着重要的作用。随着国家对环境污染治理力度的加大,絮凝剂将具有更大的发展前景。

低分子絮凝剂用干法或湿法投到水处理设施中后进行水解聚合,其聚集速度慢、絮体小、腐蚀性强、净水效果不理想,因此逐渐被高分子絮凝剂取代。与其他传统絮凝剂相比,无机高分子絮凝剂具有絮凝效果好,残留在水中的铝、铁离子少,易生产,价格低廉,适用范围广等特点,现在已经成功地应用在给水、工业水以及城市污水的处理中,并逐渐成为主流絮凝剂。无机高分子絮凝剂,又称为第二代絮凝剂,可分为聚合铝、聚合铁、聚合硅酸以及复合型无机高分子絮凝剂四大类。

聚合硫酸铁(PFS)也称为碱式硫酸铁或羟基硫酸铁,可表示为$[Fe_2(OH)_n(SO_4)_{3-n/2}]_m$

($n<2$, $m>10$)，是一种无机高分子絮凝剂。聚合铁中存在$[Fe_2(OH)_3]^{3+}$、$[Fe_3(OH)_6]^{3+}$、$[Fe_8(OH)_{20}]^{4+}$等高价和多价络离子，能快速混溶、中和悬浮颗粒上的电荷、水解架桥、混凝沉淀且具有很强的吸附作用，能使水迅速澄清，对工业废水和生活污水的处理效果特别好，而且适应性广泛，药剂消耗量少，排污量少，水处理成本比目前市场上主流的聚合硫酸铝低30%～40%。另外，生产聚合硫酸铁的原料易得，价格低廉，可利用工业废弃物为原料制备，变废为宝，是一种值得推广的理想水处理剂。

聚合硫酸铁的生产方法多种多样，按氧化方式的不同可分为两大类：直接氧化法和催化氧化法。直接氧化法，采用强氧化剂如氯酸盐、次氯酸盐、过氧化氢和高锰酸钾等将亚铁离子氧化为铁离子，然后经水解和聚合得到聚合硫酸铁；催化氧化法，是在催化剂的作用下，利用纯氧或空气将亚铁离子氧化为铁离子，同样经水解和聚合得到聚合硫酸铁。直接氧化法工艺简单，操作方便，适合实验室需要少量聚合硫酸铁时使用；工业生产多采用催化氧化法。

本实验以废铁屑为原料制得硫酸亚铁，再以双氧水为氧化剂直接氧化制备聚合硫酸铁。此法设备简单、操作方便，常温常压下即可进行，且产品无杂质，稳定性好，无污染，适合实验室操作。

除去废铁屑表面油污，加入稀硫酸反应，即可生成硫酸亚铁，过滤，浓缩结晶即可得七水合硫酸亚铁晶体。

$$Fe + H_2SO_4 = FeSO_4 + H_2\uparrow$$

七水合硫酸亚铁在酸性条件下，被双氧水氧化成硫酸铁，经水解、聚合得到红棕色聚合硫酸铁。

$$2FeSO_4 + H_2O_2 + H_2SO_4 = Fe_2(SO_4)_3 + 2H_2O$$

$$Fe_2(SO_4)_3 + nH_2O = Fe_2(OH)_n(SO_4)_{3-n/2} + n/2\ H_2SO_4$$

$$m[Fe_2(OH)_n(SO_4)_{3-n/2}] = [Fe_2(OH)_n(SO_4)_{3-n/2}]_m$$

氧化、水解、聚合3个反应同时存在于一个体系中，相互影响，相互促进。其中氧化反应是3个反应中比较慢的一步，控制着整个过程。

反应中1 mol硫酸亚铁需要0.5 mol硫酸，如果硫酸用量小于0.5 mol，则氧化时氢氧根取代硫酸根生成碱式盐，碱式盐易聚合成硫酸铁。因此，反应中总硫酸根的物质的量和总铁的物质的量之比$[n(SO_4^{2-})/n(Fe^{3+})]$要小于1.5。

3.仪器和试剂

(1)仪器

三口烧瓶，分液漏斗，恒温水浴，精密电动搅拌器，分光光度计，酸度计，酸式滴定管，碱式滴定管，密度计，黏度计，容量瓶，量筒，表面皿，布氏漏斗，吸滤瓶，浊度仪，分析天平。

(2)试剂

铁屑，30% H_2O_2，浓H_2SO_4，6 mol/L H_2SO_4，3 mol/L H_2SO_4，0.1 mol/L NaOH溶液，3 mol/L HCl，KHP，25 g/L磺基水杨酸，氨水(1∶1)，酚酞。

500 g/L氟化钾：称取500 g氟化钾，以200 mL不含二氧化碳的蒸馏水溶解后，稀释到1 000 mL，加入2 mL酚酞指示剂并用NaOH溶液或HCl溶液调节至溶液呈微红色，滤去不溶物后贮存于塑料瓶中。

100 μg/mL铁标准溶液：准确称取0.216 0 g $NH_4Fe(SO_4)_2\cdot 12H_2O$，用适量的蒸馏水溶

解，加3滴6 mol/L 盐酸，定容至250 mL。

4. 实验内容

(1) 聚合硫酸铁的制备

先除去10 g 铁屑表面的油污，放入烧杯中，加入75 mL 3 mol/L H_2SO_4，盖上表面皿，用小火加热，使铁屑和H_2SO_4反应直至不再有气泡冒出为止，加热过程中要不时补充少量的水。趁热抽滤，并立即将滤液转移至蒸发皿中，在滤液中放入一枚洁净的小铁钉（为什么?），小火加热，蒸发浓缩，滤液的温度保持在70 ℃(为什么?)，当滤液内开始有晶体析出时，停止蒸发，冷却至室温，抽滤、洗涤即得浅蓝绿色晶体。

称取30 g $FeSO_4 \cdot 7H_2O$ 加到三口烧瓶中，加入30 mL 蒸馏水溶解，在不断搅拌下，分别滴加1.7 mL 浓硫酸和8 mL 30% 双氧水，双氧水的加入要控制好，将分液漏斗插入液面以下将H_2O_2慢慢滴入，控制H_2O_2加入量约为每分钟1.0 mL（为什么?），中速搅拌15 min 后过滤，70 ℃水浴中熟化4 h，冷却，即可得到较高盐基度的红棕色聚合硫酸铁溶液。

(2) 絮凝效果实验

在1 000 mL 烧杯中加入泥土1 g，再加水至1 000 mL，搅拌均匀，使浊度保持一致，用浊度仪测定浊度。取自制的聚合硫酸铁溶液1 mL 于200 mL 烧杯中，加入100 mL 蒸馏水，制得稀释溶液。取200 mL 配制好的污水，加入稀释后的聚合硫酸铁6 mL，先剧烈搅拌3 min，再慢速搅拌10 min，静置30 min，在离液面2 ~ 3 cm 处吸取上层清液，测定其浊度(饮用水的浊度要求在5度以下)。

5. 思考题

①聚合硫酸铁絮凝剂与其他铁盐小分子絮凝剂相比，有哪些优点?

②在制备聚合硫酸铁的过程中，除了双氧水外，还可选择什么试剂作氧化剂?

③本实验为什么要控制硫酸和双氧水的加入量?

实验34　纳米二氧化钛光催化剂的合成及其催化性能

1. 实验目的

①了解纳米光催化技术的基础知识和发展趋势。

②掌握溶胶-凝胶法制备纳米粒子的原理，用溶胶-凝胶法制备纳米TiO_2微粉。

③了解纳米粒子常用的表征手段。

④掌握纳米材料的合成方法并了解其应用前景。

2. 实验原理

自20世纪70年代初发现二氧化钛电极具有光照下分解水的功能以来，有关二氧化钛半导体光催化剂的研究就成了环境领域的一个研究热点。用半导体光催化分解毒性有机物有两个优点：第一，适当选择催化剂，可以利用太阳能处理毒物，节约能源；第二，一些半导体的光生空穴具有很强的氧化能力，能彻底降解绝大多数有机物质，而且能将它们最后分解为二氧化碳、水和无机物，避免了用化学方法处理带来的二次污染。制备纳米粒子的方法很多，如化学沉淀法、溶胶-凝胶法、水热法、微乳液法、反相胶团法、气相法等。

溶胶-凝胶法是指无机物或金属醇盐经过溶液、溶胶、凝胶而固化，再经热处理而成的氧化物或其他化合物固体的方法。溶胶是指微小的固体颗粒悬浮分散在液相中，并且不停地进行布朗运动的体系。根据粒子与溶剂间相互作用的强弱，通常将溶胶分为亲液型和憎液型两类。由于界面原子的 Gibbs 自由能比内部原子的高，所以溶胶是热力学不稳定体系。凝胶是指胶体颗粒或高聚物分子互相交联，形成空间网状结构，在网状结构的孔隙中充满了液体（在干凝胶中，分散介质也可以是气体）的分散体系。并非所有的溶胶都能转变为凝胶，形成凝胶关键在于胶粒间的相互作用力足够强，以致能克服胶粒—溶剂间的相互作用力。对于热力学不稳定的溶胶，增加体系中粒子间结合所需克服的能垒可使之在动力学上稳定。因此，胶粒间相互靠近或吸附聚合时，可降低体系的能量，并使之趋于稳定，进而形成凝胶。

Sol-Gel 法的优点是：①反应温度低，反应过程易于控制；②制品的均匀度和纯度高，均匀性可达分子或原子水平；③化学计量准确，易于改性，掺杂的范围宽（包括掺杂的量和种类）；④从同一种原料出发，改变工艺过程即可获得不同的产品，如粉料、薄膜、纤维等；⑤工艺简单，不需要昂贵的设备。但目前该项技术还处于发展阶段，如采用的金属醇盐成本较高，如何选择催化剂，如何控制溶液的 pH 值，如何控制水解、聚合温度以及如何防止凝胶在干燥过程中的开裂等。由于科学工作者的不断努力，我们对溶胶-凝胶机理有了进一步认识，其方法在制备新材料领域将得到更加广泛的应用。

钛酸四丁酯的水解反应为分步水解，方程式为：

$$Ti(OR)_n + H_2O \longrightarrow Ti(OH)(OR)_{n-1} + ROH$$

$$Ti(OH)(OR)_{n-1} + H_2O \rightarrow Ti(OH)(OR)_{n-2} + ROH$$

反应持续进行，直到生成 $Ti(OH)_n$。

缩聚反应：

$$—Ti—OH + HO—Ti \longrightarrow —Ti—O—Ti + H_2O$$

$$—Ti—OR + HO—Ti \longrightarrow —Ti—O—Ti + ROH$$

最后获得的氧化物的结构和形态依赖于水解与缩聚反应的相对反应程度，当金属-氧桥-聚合物达到一定宏观尺寸时，溶胶便形成网状结构从而失去流动性，即形成凝胶。

纳米材料的表征方法包括以下几类。①粒度分析：包括激光粒度分析法、电镜粒度分析法等。②形貌分析：主要用扫描电镜、透射电镜、扫描探针显微镜和原子力显微镜等仪器进行分析。③成分分析：包括体相材料分析法和表面与微区成分分析法。体相材料分析法有原子吸收光谱法，电感耦合等离子体发射法，X 射线荧光光谱分析法；表面与微区成分分析法包括电子能谱分析法、电子探针分析方法、电镜能谱分析法和二次离子质谱分析法等。④结构分析：X 射线衍射、电子衍射等。⑤界面与表面分析：X 射线光电子能谱分析、俄歇电子能谱仪等。

3. 仪器和试剂

（1）仪器

电磁搅拌器，离心机，恒温干燥箱，高温炉，光化学反应器；高速离心机（15 000 r/min），紫外-可见分光光度计；X 射线衍射仪；透射电子显微镜。

(2)试剂

钛酸四丁酯,无水乙醇,冰醋酸,甲基橙(各试剂均用 A. R. 或 C. P. 级产品)。

4. 实验内容

(1)纳米 TiO_2的制备

室温下将 10 mL 钛酸四丁酯缓慢倒入 50 mL 无水乙醇中,放置几分钟,得到均匀透明的溶液①,将 10 mL 冰醋酸加入 10 mL 蒸馏水与 40 mL 无水乙醇中,剧烈搅拌,得到溶液②。再于剧烈搅拌下将已移入分液漏斗中的溶液①缓慢滴加到溶液②中,约 25 min 滴完,得到均匀透明的溶胶,继续搅拌 15 min 后,在室温下静置,待形成透明凝胶后,于 65 ℃下真空干燥,玛瑙研钵中碾磨,得到干凝胶粉末,再在 500 ℃下于高温炉中煅烧 2 h 便得到 TiO_2纳米粉体。

改变溶液②的用量,探索凝胶形成条件。

改变实验条件,探索凝胶形成条件、煅烧温度和煅烧时间对纳米粒子大小的影响。

(2)纳米 TiO_2的表征

用透射电子显微镜观测产物的粒度,用 X 射线衍射仪测定产物结构。

(3)光催化实验

将初始浓度为 20 mg/L 的甲基橙 250 mL 溶液置于光化学反应仪中,加入一定量的纳米 TiO_2光催化剂,分散均匀,打开紫外灯光源,同时记下反应时间。每隔一定的时间取样高速离心分离后测定甲基橙溶液的吸光度变化,并与不加光催化剂的情况进行对比,评价纳米 TiO_2的催化性能。

5. 思考题

①溶胶-凝胶法制备纳米氧化物过程中,哪些因素会影响产物的粒子大小及其分布?

②从表面化学角度考虑,如何减少纳米粒子在干燥过程中的团聚?

③纳米粒子常用的表征手段有哪些?

实验 35　苯胺改性核桃壳作为 Pb(Ⅱ)吸附剂

1. 实验目的

①掌握苯胺改性核桃壳的基本原理;

②掌握苯胺改性核桃壳的工艺;

③对比苯胺改性核桃壳和未改性核桃壳对 Pb(Ⅱ)的吸附效果。

2. 实验原理

冶金工业、电镀工业、化学工业等工业废水中含有高浓度的铅,含铅废水必须处理达标后排放,不然会对人体健康产生不良影响。目前处理含铅废水的方法主要有化学沉淀法、吸附法、离子交换法和电渗析法等,但这些方法在处理低浓度(1 ~ 100 mg/L)含 Pb(Ⅱ)废水时,因费用昂贵、效率低和易引起二次污染等问题而受到限制。生物吸附法是近年发展起来的废水处理新技术，具有去除效率高、操作简单、成本低等优点，是一种极具潜力的Pb(Ⅱ)去除技术。农林剩余物生物吸附法由于具有原材料来源丰富、成本低、吸附效果好，近几年被研究得较多。

研究表明，苯胺改性农林废弃物作为Pb(Ⅱ)吸附剂，具有改性工艺环保、改性工艺简单、改性成本低以及改性效果好等优点。核桃壳来源广泛，富含纤维素和木质素，对重金属离子具有较强的吸附能力。本实验探讨苯胺改性核桃壳作为Pb(Ⅱ)吸附剂的改性原理和工艺并将其吸附效果与未改性核桃壳的进行对比。

3. 仪器和试剂

(1) 仪器

DZ11-2恒温水浴锅，JJ-I定时电动搅拌器，HJ-3A恒温磁力搅拌器，AL204电子天平，DHG-9076A电热恒温鼓风干燥箱，SHZ-C循环水多用真空泵，6202粉碎机及分样筛，烘箱。

(2) 试剂

核桃壳、苯胺、硝酸铅(分析纯)、1.0 mol/L HCl、1.0 mol/L NaOH、1.0 mol/L H_2NO_3、过硫酸铵、EDTA(各试剂都是分析纯级别)。

4. 实验内容

(1) 核桃壳的预处理

将核桃壳用自来水清洗2次，以洗掉表面灰尘，再用去离子水润洗2～3次，置于烘箱中，在90 ℃烘2 h。然后用粉碎机粉碎，过分样筛，分别得到20目、40目、60目、80目和100目的核桃壳。

(2) 含Pb^{2+}模拟废水的配制

称取1.598 6 g的分析纯$Pb(NO_3)_2$于烧杯中，加入10 mL 1.0 mol/L HNO_3，搅拌溶解后移入1 000 mL容量瓶中，用去离子水定容至刻度，配制成1 000 mg/L的Pb^{2+}模拟废水，再稀释成其他浓度的Pb^{2+}模拟废水。

(3) 苯胺改性核桃壳

称取6 g核桃壳，加入250 mL三颈瓶中，加入100 mL 1.0 mol/L HCl溶液，再加入一定量的苯胺，使苯胺的浓度为0.4 mol/L。充分搅拌后，按照过硫酸铵与苯胺摩尔配比为1∶1的过硫酸铵用量溶于50 mL 1.0 mol/L HCl溶液中，将此溶液逐滴加入到三颈瓶中，滴加过程用冰水混合物控温，滴加完成后，在室温下(20 ℃左右)反应2 h。反应完成后，抽滤，用去离子水充分洗涤至滤液无色，将改性核桃壳在60 ℃的干燥箱中干燥5 h，即得到苯胺改性核桃壳吸附剂。

(4) 苯胺改性核桃壳和未改性核桃壳处理含Pb^{2+}模拟废水

分别取150 mL、200 mg/L的含Pb^{2+}模拟废水于2个250 mL烧杯中，用1.0 mol/L HC l和1.0 mol/LNaOH溶液调节废水酸碱度至pH = 5，在2个烧杯中分别加入1 g苯胺改性核桃壳和未改性核桃壳，室温(20 ℃)下搅拌1 h后，过滤，用EDTA滴定法测定滤液中Pb^{2+}的浓度，计算Pb^{2+}的吸附率和吸附容量。对Pb^{2+}的吸附率R(%)和吸附容量q(mg/g)分别按式(1)和式(2)计算：

$$R = (c_0 - c_t)/c_0 \tag{1}$$

$$q = (c_0 - c_t)V/m \tag{2}$$

式中 V——吸附液的体积,L;

c_0——吸附前 Pb^{2+} 的初始浓度,mg/L;

c_t——吸附 t 时刻 Pb^{2+} 的浓度,mg/L;

m——吸附剂的用量,g。

计算出苯胺改性核桃壳和未改性核桃壳对含 Pb^{2+} 模拟废水的吸附率 R 和吸附量 Q,并进行比较。

5. 思考题

①比较改性前后核桃壳对 Pb^{2+} 的吸附能力的差别?

②解释苯胺改性核桃壳机理。

③探讨改性影响因素的影响机理。

实验36 磷酸改性核桃壳处理含铬废水

1. 实验目的

①掌握磷酸改性核桃壳的基本原理和工艺;

②掌握磷酸改性核桃壳处理含铬废水的基本原理和工艺。

2. 实验原理

由于冶金、电镀、制革等工业废水的排放,含铬废水对环境造成了严重污染。去除废水中的铬,特别是Cr(Ⅵ),对保护公众健康和生态环境具有重要意义。含铬废水的处理方法有沉淀法、还原法、离子交换法、电解法、膜技术等,但这些方法在处理低浓度(1 ~ 100 mg/L)含Cr(Ⅵ)废水时,因费用昂贵、效率低和易引起二次污染等问题而受到限制。生物吸附法是近年发展起来的废水处理新技术,具有去除效率高、操作简单、成本低等优点,是一种极具潜力的Cr(Ⅵ)去除技术。

研究表明,磷酸改性农林废弃物作为Cr(Ⅵ)吸附剂,具有改性工艺环保、改性工艺简单、改性成本低以及改性效果好等优点。核桃壳来源广泛,富含纤维素和木质素,对重金属离子具有较强的吸附能力。

3. 仪器和试剂

(1)仪器

DZ11-2 恒温水浴锅,JJ-I 定时电动搅拌器,EMZ-9F 数显恒温磁力搅拌器,PHS-3C 精密 pH 计,AL204 电子天平,DHG-9076A 电热恒温鼓风干燥箱,SHZ-C 循环水多用真空泵,6202 粉碎机,分样筛,722 s 可见分光光度计,WGH-30/6 红外光谱仪,AA-7003F 原子吸收分光光度计。

(2)试剂

核桃壳、苯胺、磷酸、重铬酸钾、1,5-二苯基卡巴肼、硫酸、丙酮、1 mol/L HCl、氢氧化钠(以上试剂均为 A. R. 级别);溴化钾(G. R.)。

4. 实验内容

(1)核桃壳预处理

将核桃壳用自来水清洗,再用去离子水润洗,90 ℃烘干,粉碎过筛,分别得到20目、40目、60目、80目和100目的预处理核桃壳。

(2)含Cr(Ⅵ)模拟废水的配制

称取于120 ℃干燥2 h的重铬酸钾2.829 3 g,溶解后,移入1 000 mL容量瓶中,稀释至刻度线,摇匀,配成1 000 mg/L的Cr(Ⅵ)溶液,其他浓度的Cr(Ⅵ)溶液由1 000 mg/L的Cr(Ⅵ)溶液稀释而得。

(3)磷酸改性核桃壳的制备

称取10 g、60目预处理核桃壳于250 mL三颈瓶中,加100 mL 15%的磷酸溶液,室温下搅拌5 h,抽滤,用去离子水洗涤至中性,80 ℃烘干3 h,即制得磷酸改性核桃壳。称重,记录所得磷酸改性核桃壳的质量,计算磷酸改性核桃壳的收率。

(4)红外光谱表征

取未改性核桃壳和磷酸改性核桃壳,以溴化钾压片法做红外吸收光谱表征。

(5)磷酸改性核桃壳处理含Cr/(Ⅵ)模拟废水

分别取150 mL 200 mg/L的含Cr(Ⅵ)模拟废水于2个250 mL烧杯中,用1.0 mol/L HCl和1.0 mol/L NaOH溶液调节废水酸碱度至pH=1,在2个烧杯中分别加入2.5 g磷酸改性核桃壳和未改性核桃壳,室温下搅拌吸附3 h,抽滤。用分光光度法分别测定滤液中Cr(Ⅵ)含量。按式(1)、式(2)计算Cr(Ⅵ)的吸附率R(%)和吸附量Q(mg/L),并进行比较。

$$R = (c_0 - c_t)/c_0 \tag{1}$$

$$Q = (c_0 - c_t)V/m \tag{2}$$

式中 V——吸附液的体积,L;

c_0——吸附前Cr(Ⅵ)的初始浓度,mg/L;

c_t——吸附后Cr(Ⅵ)的浓度,mg/L;

m——磷酸改性核桃壳用量,g。

5. 思考题

①比较改性前后核桃壳的红外光谱图的异同?

②比较改性前后核桃壳对Cr(Ⅵ)的吸附能力的差别?

③解释改性机理。

④探讨改性影响因素的影响机理。

⑤探讨吸附影响因素的影响机理。

附　录

附录1　元素的相对原子质量

原子序数	名称	符号	相对原子质量	原子序数	名称	符号	相对原子质量
1	氢	H	1.008	25	锰	Mn	54.94
2	氦	He	4.003	26	铁	Fe	55.85
3	锂	Li	6.941	27	钴	Co	58.93
4	铍	Be	9.012	28	镍	Ni	58.69
5	硼	B	10.81	29	铜	Cu	63.55
6	碳	C	12.01	30	锌	Zn	65.39
7	氮	N	14.01	31	镓	Ga	69.72
8	氧	O	16.00	32	锗	Ge	72.61
9	氟	F	19.00	33	砷	As	74.92
10	氖	Ne	20.18	34	硒	Se	78.96
11	钠	Na	22.99	35	溴	Br	79.90
12	镁	Mg	24.31	36	氪	Kr	83.80
13	铝	Al	26.98	37	铷	Rb	85.47
14	硅	Si	28.09	38	锶	Sr	87.62
15	磷	P	30.97	39	钇	Y	88.91
16	硫	S	32.07	40	锆	Zr	91.22
17	氯	Cl	35.45	41	铌	Nb	92.91
18	氩	Ar	39.95	42	钼	Mo	95.94
19	钾	K	39.10	43	锝	Tc	97.97
20	钙	Ca	40.08	44	钌	Ru	101.1
21	钪	Sc	44.96	45	铑	Rh	102.9
22	钛	Ti	47.88	46	钯	Pd	106.4
23	钒	V	50.94	47	银	Ag	107.9
24	铬	Cr	52.00	48	镉	Cd	112.4

续表

原子序数	名称	符号	相对原子质量	原子序数	名称	符号	相对原子质量
49	铟	In	[114.8]	80	汞	Hg	200.6
50	锡	Sn	[118.7]	81	铊	Tl	204.4
51	锑	Sb	[121.8]	82	铅	Pb	207.2
52	碲	Te	127.6	83	铋	Bi	209.0
53	碘	I	126.9	84	钋	Po	209.0
54	氙	Xe	131.3	85	砹	Rn	[210.0]
55	铯	Cs	132.9	86	氡	Fr	[222.0]
56	钡	Ba	137.3	87	钫	Ra	[223.0]
57	镧	La	138.9	88	镭	Ra	[226.0]
58	铈	Ce	140.1	89	锕	Ac	[227.0]
59	镨	Pr	140.9	90	钍	Th	[232.0]
60	钕	Nd	144.2	91	镤	Pa	[231.0]
61	钷	Pm	[144.9]	92	铀	U	[238.0]
62	钐	Sm	150.4	93	镎	Np	[237.1]
63	铕	Eu	152.0	94	钚	Pu	[244.1]
64	钆	Gd	157.3	95	镅	Am	[243.1]
65	铽	Tb	158.9	96	锔	Cm	[247.1]
66	镝	Dy	162.5	97	锫	Bk	[247.1]
67	钬	Ho	164.9	98	锎	Cf	[251.1]
68	铒	Er	167.3	99	锿	Es	[252.1]
69	铥	Tm	168.9	100	镄	Fm	[257.1]
70	镱	Yb	173.0	101	钔	Md	[258.1]
71	镥	Lu	175.0	102	锘	No	[259.1]
72	铪	Hf	178.5	103	铹	Lr	[262.1]
73	钽	Ta	180.9	104	𬬻*	Rf	[261.1]
74	钨	W	183.8	105	𬭊*	Db	[262.1]
75	铼	Re	186.2	106	𬭳*	Sg	[263.1]
76	锇	Os	190.2	107	𬭛*	Bh	[264.1]
77	铱	Ir	192.2	108	𬭶*	Hs	[265.1]
78	铂	Pt	195.1	109	鿏*	Mt	[268]
79	金	Au	197.0				

注:①表中数据根据 IUPAC 1995 年提供的五位有效数字原子量数据截取;

②相对原子质量加[ ]的为放射性元素半衰期最长同位素的质量数;

③元素名称注有*的为人造元素。

附录 2　常用化合物的相对分子质量

化合物	相对分子质量	化合物	相对分子质量	化合物	相对分子质量
Ag_3AsO_4	462.52	$BaCl_2$	208.24	$Ce(SO_4)_2$	332.24
AgBr	187.77	$BaCl_2 \cdot 2H_2O$	244.27	$Ce(SO_4)_2 \cdot 4H_2O$	404.30
AgCl	143.32	$BaCrO_4$	253.32	$CoCl_2$	129.84
AgCN	133.89	BaO	153.33	$CoCl_2 \cdot 6H_2O$	237.93
AgSCN	165.95	$Ba(OH)_2$	171.34	$Co(NO_3)_2$	182.94
$AlCl_3$	133.34	$BaSO_4$	233.39	$Co(NO_3)_2 \cdot 6H_2O$	291.03
Ag_2CrO_4	331.73	$BiCl_3$	315.34	CoS	90.99
AgI	234.77	BiOCl	260.43	$CoSO_4$	154.99
$AgNO_3$	169.87	CO_2	44.01	$CoSO_4 \cdot 7H_2O$	281.10
$AlCl_3 \cdot 6H_2O$	241.43	CaO	56.08	$CO(NH_2)_2$(尿素)	60.06
$Al(NO_3)_3$	213.00	$CaCO_3$	100.09	$CS(NH_2)_2$(硫脲)	76.116
$Al(NO_3)_3 \cdot 9H_2O$	375.13	CaC_2O_4	128.10	C_6H_5OH	94.113
Al_2O_3	101.96	$CaCl_2$	110.99	CH_2O	30.03
$Al(OH)_3$	78.00	$CaCl_2 \cdot 6H_2O$	219.08	$C_{14}H_{14}N_3O_3SNa$(甲基橙)	327.33
$Al_2(SO_4)_3$	342.14	$Ca(NO_3)_2 \cdot 4H_2O$	236.15	$C_6H_5NO_3$(硝基酚)	139.11
$Al_2(SO_4)_3 \cdot 18H_2O$	666.41	$Ca(OH)_2$	74.09	$C_4H_8N_2O_2$(丁二酮肟)	116.12
As_2O_3	197.84	$Ca_3(PO_4)_2$	310.18	$(CH_2)_6N_4$(六次甲基四胺)	140.19
As_2O_5	229.84	$CaSO_4$	136.14	$C_7H_6O_6S \cdot 2H_2O$(磺基水杨酸)	254.22
As_2S_3	246.03	$CdCO_3$	172.42	C_9H_6NOH(8-羟基喹啉)	145.16
$BaCO_3$	197.34	$CdCl_2$	183.82	$C_{12}H_8N_2 \cdot H_2O$(邻菲罗啉)	198.22
BaC_2O_4	225.35	CdS	144.47	$C_2H_5NO_2$(氨基乙酸、甘氨酸)	75.07
$C_6H_{12}N_2O_4S_2$(L-胱氨酸)	240.30	FeO	71.85	HCl	36.46

续表

化合物	相对分子质量	化合物	相对分子质量	化合物	相对分子质量
$CrCl_3$	158.36	Fe_2O_3	159.69	HF	20.01
$CrCl_3 \cdot 6H_2O$	266.45	Fe_3O_4	231.54	HI	127.91
$Cr(NO_3)_3$	238.01	$Fe(OH)_3$	106.87	HIO_3	175.91
Cr_2O_3	151.99	FeS	87.91	HNO_2	47.01
CuCl	99.00	Fe_2S_3	207.87	HNO_3	63.01
$CuCl_2$	134.45	$FeSO_4$	151.91	H_2O	18.015
$CuCl_2 \cdot 2H_2O$	170.48	$FeSO_4 \cdot 7H_2O$	278.01	H_2O_2	34.02
CuSCN	121.62	$Fe(NH_4)_2(SO_4)_2 \cdot 6H_2O$	392.13	H_3PO_4	98.00
CuI	190.45	H_3AsO_3	125.94	H_2S	34.08
$Cu(NO_3)_2$	187.56	H_3AsO_4	141.94	H_2SO_3	82.07
$Cu(NO_3)_2 \cdot 3H_2O$	241.60	H_3BO_3	61.83	H_2SO_4	98.07
CuO	79.54	HBr	80.91	$Hg(CN)_2$	252.63
Cu_2O	143.09	HCN	27.03	$HgCl_2$	271.50
CuS	95.61	HCOOH	46.03	Hg_2Cl_2	472.09
$CuSO_4$	159.06	CH_3COOH	60.05	HgI_2	454.40
$CuSO_4 \cdot 5H_2O$	249.68	H_2CO_3	62.02	$Hg_2(NO_3)_2$	525.19
$FeCl_2$	126.75	$H_2C_2O_4$	90.04	$Hg_2(NO_3)_2 \cdot 2H_2O$	561.22
$FeCl_2 \cdot 4H_2O$	198.81	$H_2C_2O_4 \cdot 2H_2O$	126.07	$Hg(NO_3)_2$	324.60
$FeCl_3$	162.21	$H_2C_4H_4O_4$ （丁二酸）	118.09	HgO	216.59
$FeCl_3 \cdot 6H_2O$	270.30	$H_2C_4H_4O_6$ （酒石酸）	150.09	HgS	232.65
$FeNH_4(SO_4)_2 12H_2O$	482.18	$H_3C_6H_5O_7 \cdot H_2O$ （柠檬酸）	210.14	$HgSO_4$	296.65
$Fe(NO_3)_3$	241.86	$H_2C_4H_4O_5$ （DL-苹果酸）	134.09	Hg_2SO_4	497.24
$Fe(NO_3)_3 \cdot 9H_2O$	404.00	$HC_3H_6NO_2$ （DL-a-丙氨酸）	89.10	$KAl(SO_4)_2 \cdot 12H_2O$	474.38
KBr	119.00	KNO_2	85.10	NH_3	17.03

续表

化合物	相对分子质量	化合物	相对分子质量	化合物	相对分子质量
$KBrO_3$	167.00	K_2O	94.20	CH_3COONH_4	77.08
KCl	74.55	KOH	56.11	$NH_2OH \cdot HCl$（盐酸羟氨）	69.49
$KClO_3$	122.55	K_2SO_4	174.25	NH_4Cl	53.49
$KClO_4$	138.55	$MgCO_3$	84.31	$(NH_4)_2CO_3$	96.09
KCN	65.12	$MgCl_2$	95.21	KSCN	97.18
$MgCl_2 \cdot 6H_2O$	203.30	K_2CO_3	138.21	MgC_2O_4	112.33
K_2CrO_4	194.19	$Mg(NO_3)_2 \cdot 6H_2O$	256.41	$K_2Cr_2O_7$	294.18
$MgNH_4PO_4$	137.32	$K_3Fe(CN)_6$	329.25	MgO	40.30
$K_4Fe(CN)_6$	368.35	$Mg(OH)_2$	58.32	$KFe(SO_4)_2 \cdot 12H_2O$	503.24
$Mg_2P_2O_7$	222.55	$KHC_2O_4 \cdot H_2O$	146.14	$MgSO_4 \cdot 7H_2O$	246.47
$KHC_2O_4 \cdot H_2C_2O_4 \cdot H_2O$	254.19	$MnCO_3$	114.95	$KHC_4H_4O_6$（酒石酸氢钾）	188.18
$MnCl_2 \cdot 4H_2O$	197.91	$KHC_8H_4O_4$（邻苯二甲酸氢钾）	204.22	$Mn(NO_3)_2 \cdot 6H_2O$	287.04
$KHSO_4$	136.16	MnO	70.94	KI	166.00
MnO_2	86.94	KIO_3	214.00	MnS	87.00
$KIO_3 \cdot HIO_3$	389.91	$MnSO_4$	151.00	$KMnO_4$	158.03
$MnSO_4 \cdot 4H_2O$	223.06	$KNaC_4H_4O_6 \cdot {}_4H_2O$	282.22	NO	30.01
KNO_3	101.10	NO_2	46.01	$(NH_4)_2C_2O_4 \cdot H_2O$	241.06
NH_4SCN	46.01	NH_4HCO_3	17.03	$(NH_4)_2MoO_4$	77.08
NH_4NO_3	69.49	$(NH_4)_2HPO_4$	53.49	$(NH_4)_2S$	68.14
$(NH_4)_2SO_4$	132.13	NH_4VO_3	116.98	Na_3AsO_3	191.89
$Na_2B_4O_7$	201.22	$Na_2B_4O_7 \cdot 10H_2O$	381.37	$NaBiO_3$	279.97
NaCN	49.01	NaSCN	81.07	Na_2CO_3	105.99
$Na_2CO_3 \cdot 10H_2O$	286.14	$Na_2C_2O_4$	134.00	CH_3COONa	82.03
$CH_3COONa \cdot 3H_2O$	136.08	$Na_3C_6H_5O_7$（柠檬酸钠）	258.07	$NaC_5H_8NO_4 \cdot H_2O$（L-谷氨酸钠）	187.13
NaCl	58.44	$(NH_4)_2C_2O_4$	223.06	NaClO	74.44
$NaHCO_3$	84.01	$PbCO_3$	267.21	$SnCl_4$	260.50

续表

化合物	相对分子质量	化合物	相对分子质量	化合物	相对分子质量
$Na_2HPO_4 \cdot 12H_2O$	358.14	PbC_2O_4	295.22	$SnCl_4 \cdot 5H_2O$	350.58
$Na_2H_2C_{10}H_{12}O_8N_2$（EDTA 二钠盐）	336.21	$PbCl_2$	278.10	SnO_2	150.69
$Na_2H_2C_{10}H_{12}O_8N_2 \cdot 2H_2O$	372.24	$PbCrO_4$	323.19	SnS_2	150.75
$NaNO_2$	69.00	$Pb(CH_3COO)_2 \cdot 3H_2O$	379.30	$SrCO_3$	147.63
$NaNO_3$	85.00	$Pb(CH_3COO)_2$	325.29	SrC_2O_4	175.64
Na_2O	61.98	PbI_2	461.01	$SrCrO_4$	203.61
Na_2O_2	77.98	$Pb(NO_3)_2$	331.21	$Sr(NO_3)_2$	211.63
$NaOH$	40.00	PbO	223.20	$Sr(NO_3)_2 \cdot 4H_2O$	283.69
Na_3PO_4	163.94	PbO_2	239.20	$SrSO_4$	183.69
Na_2S	78.04	$Pb_3(PO_4)_2$	811.54	$ZnCO_3$	125.39
$Na_2S \cdot 9H_2O$	240.18	PbS	239.30	$UO_2(CH_3COO)_2 \cdot 2H_2O$	424.15
Na_2SO_3	126.04	$PbSO_4$	303.30	ZnC_2O_4	153.40
Na_2SO_4	142.04	SO_3	80.06	$ZnCl_2$	136.29
$Na_2S_2O_3$	158.10	SO_2	64.06	$Zn(CH_3COO)_2$	183.47
$Na_2S_2O_3 \cdot 5H_2O$	248.17	$SbCl_3$	228.11	$Zn(CH_3COO)_2 \cdot 2H_2O$	219.50
$NiCl_2 \cdot 6H_2O$	237.70	$SbCl_5$	299.02	$Zn(NO_3)_2$	189.39
NiO	74.70	Sb_2O_3	291.50	$Zn(NO_3)_2 \cdot 6H_2O$	297.48
$Ni(NO_3)_2 \cdot 6H_2O$	290.80	Sb_2S_3	339.68	ZnO	81.38
NiS	90.76	SiF_4	104.08	ZnS	97.44
$NiSO_4 \cdot 7H_2O$	280.86	SiO_2	60.08	$ZnSO_4$	161.54
$Ni(C_4H_7N_2O_2)_2$（丁二酮肟合镍）	288.91	$SnCl_2$	189.60	$ZnSO_4 \cdot 7H_2O$	287.55
P_2O_5	141.95	$SnCl_2 \cdot 2H_2O$	225.63		

附录3　国际单位制的基本单位

量	单位名称	单位符号
长度	米	m
质量	千克(公斤)	kg
时间	秒	s
电流	安[培]	A
热力学温度	开[尔文]	K
物质的量	摩[尔]	mol
光强度	坎[德拉]	cd

附录4　实验室常用酸、碱溶液的浓度

溶液名称	密度/$(g \cdot L^{-1})$ 20 ℃	质量分数/%	物质的量浓度 /$(mol \cdot L^{-1})$
浓 H_2SO_4	1.84	98	18
稀 H_2SO_4	1.18	25	3
	1.06	9	1
浓 HCl	1.19	38	12
稀 HCl	1.10	20	6
	1.03	7	2
浓 HNO_3	1.42	69	16
稀 HNO_3	1.20	33	6
	1.07	12	2
稀 $HClO_4$	1.12	19	2
浓 HF	1.13	40	23
HBr	1.38	40	7
HI	1.70	57	7.5
冰醋酸 HAc	1.05	99	17
稀醋酸 HAc	1.04	35	6
	1.02	12	2
浓氢氧化钠（NaOH）	1.43	40	14
	1.33	30	13
稀氢氧化钠(NaOH)	1.09	8	2
浓氨水（$NH_3 \cdot H_2O$）	0.88	35	18
	0.91	25	13.5

续表

溶液名称	密度（g·L^{-1}）20 ℃	质量分数/%	物质的量浓度/（mol·L^{-1}）
稀氨水（$NH_3·H_2O$）	0.96	11	6
	0.99	3.5	2
$Ba(OH)_2$（饱和）	—	2	0.1
$Ca(OH)_2$（饱和）	—	0.15	—

附录5　酸碱指示剂

指示剂	变色范围 pH	颜色变化	pK_{HIn}	浓度	用量（/10 mL 试液）
百里酚蓝（第一次变色）	1.2~2.8	红→黄	1.62	0.1%的20%乙醇溶液	1~2
甲基黄	2.9~4.0	红→黄	3.25	0.1%的90%乙醇溶液	1
甲基橙	3.1~4.4	红→黄	3.45	0.1%的水溶液	1
溴酚蓝	3.1~4.6	黄→紫	4.1	0.1%的20%乙醇溶液或其钠盐水溶液	1
溴甲酚绿	3.8~5.6	黄→蓝	4.9	0.1%的20%乙醇溶液或其钠盐水溶液	1~3
甲基红	4.4~6.2	红→黄	5.0	0.1%的60%乙醇溶液或其钠盐水溶液	1
溴百里酚蓝	5.2~7.6	黄→蓝	7.3	0.1%的20%乙醇溶液或其钠盐水溶液	1
中性红	6.8~8.0	红→黄橙	7.4	0.1%的60%乙醇溶液	1
苯酚红	6.8~8.4	黄→红	8.0	0.1%的60%乙醇溶液或其钠盐水溶液	1
酚酞	8.0~10.0	无→红	9.1	0.1%的90%乙醇溶液	1~3
百里酚蓝（第二次变色）	8.0~9.6	黄→蓝	8.9	0.1%的20%乙醇溶液	1~4
百里酚酞	9.4~10.6	无→蓝	10.0	0.1%的90%乙醇溶液	1~2

说明：这里列出的是室温下，水溶液中各种指示剂的变色范围 pH。实际上当温度改变或溶剂不同时，指示剂的变色范围是要移动的。因此，溶液中盐类的存在也会使指示剂变色范围发生移动。

附录6　氧化还原指示剂

指示剂名称	E/V，[H^+] = 1 mol/L	颜色变化		溶液配制方法
		氧化态	还原态	
中性红	0.24	红	无色	0.5 g/L的60%乙醇溶液
亚甲基蓝	0.36	蓝	无色	0.5 g/L水溶液
变胺蓝	0.59（pH=2）	无色	蓝色	0.5 g/L水溶液

续表

指示剂名称	E/V,[H^+] = 1 mol/L	颜色变化		溶液配制方法
		氧化态	还原态	
二苯胺	0.76	紫	无色	10 g/L 的浓硫酸溶液
二苯胺磺酸钠	0.85	紫红	无色	0.5 g/L 的水溶液,如溶液浑浊,可滴加少量盐酸
N-邻苯氨基苯甲酸	1.08	紫红	无色	0.1 g 指示剂加 20 mL 50 g/L 的 Na_2CO_3溶液,用水稀释至 100 mL
邻二氮菲-Fe(Ⅱ)	1.06	浅蓝	红	1.485 g 邻二氮菲加 0.695 g $FeSO_4$,溶于 100 mL 水中(0.25 mol/L 水溶液)
5-硝基邻二氮菲—Fe(Ⅱ)	1.25	浅蓝	紫红	1.608 g 5-硝基邻二氮菲加 0.695 g $FeSO_4$,溶于 100 mL 水中(0.025 mol/L 水溶液)

附录 7　实验室中一些试剂的配制方法

试剂名称	浓度/(mol. L^{-1})	配制方法
硫化钠 Na_2S	1	称取 240 g $Na_2S \cdot 9H_2O$、40 g NaOH 溶于适量水中,稀释至 1 L,混匀
硫化铵 $(NH_4)_2S$	3	通 H_2S 于 200 mL 浓 $NH_3 \cdot H_2O$ 中直至饱和,然后再加 200 mL 浓 $NH_3 \cdot H_2O$,最后加水稀释至 1 L,混匀
氯化亚锡 $SnCl_2$	0.25	称取 56.4 g $SnCl_2 \cdot 2H_2O$ 溶于 100 mL 浓 HCl 中,加水稀释至 1 L,在溶液中放几颗纯锡粒
氯化铁 $FeCl_3$	0.5	称取 135.2 g $FeCl_3 \cdot 6H_2O$ 溶于 100 mL 6 mol/L HCl 中,加水稀释至 1 L
三氯化铬 $CrCl_3$	0.1	称取 26.7 g $CrCl_3 \cdot 6H_2O$ 溶于 30 mL 6 mol/L HCl 中,加水稀释至 1 L
硝酸亚汞 $Hg_2(NO_3)_2$	0.1	称取 56 g $Hg_2(NO_3)_2 \cdot 2H_2O$ 溶于 250 mL 6 mol/L HNO_3 中,加水稀释至 1 L,并加入少许金属汞
硝酸铅 $Pb(NO_3)_2$	0.25	称取 83 g $Pb(NO_3)_2$溶于少量水中,加入 15 mL 6 mol/L HNO_3,用水稀释至 1 L
硝酸铋 $Bi(NO_3)_3$	0.1	称取 48.5 g $Bi(NO_3)_3 \cdot 5H_2O$ 溶于 250 mL 1mol/L HNO_3 中,加水稀释至 1 L
硫酸亚铁 $FeSO_4$	0.25	称取 69.5 g $FeSO_4 \cdot 7H_2O$ 溶于适量水中,加入 5 mL 18mol/L 的 H_2SO_4,再加水稀释至 1 L,并置入小铁钉数枚
Cl_2水	Cl_2的饱和溶液	将 Cl_2通入水中直至饱和(用时临时配制)

续表

试剂名称	浓度/(mol. L^{-1})	配制方法
Br_2水	Br_2的饱和水溶液	在带有良好磨口塞的玻璃瓶内,将市售的Br_2约50 g (16 mL)注入1 L水中,在2 h内经常剧烈振荡,每次振荡之后微开塞子,使积聚的Br_2蒸气放出,在储存瓶底总有过量的溴。将Br_2倒入试剂瓶时,剩余的Br_2应留于储存瓶中,而不倒入试剂瓶(倾倒Br_2或Br_2水时,应在通风橱中进行,将凡士林涂在手上或戴橡皮手套操作,以防Br_2蒸气灼伤)
I_2水	约0.005	将1.3 g I_2和5 g KI溶解在尽可能少量的水中,待I_2完全溶解后(充分搅动)再加水稀释至1 L
对氨基苯磺酸	0.34	0.5 g对氨基苯磺酸溶于150 mL 2 mol/L HAc溶液中
α-萘胺	0.12	0.3 g α-萘胺加20 mL水,加热煮沸,在所得溶液中加入150 mL 2 mol/L HAc
钼酸铵	—	5 g钼酸铵溶于100 mL水中,加入35 mL HNO_3(密度1.2 g/mL)
硫代乙酰胺	5	5 g硫代乙酰胺溶于100 mL水中
钙指示剂	0.2	0.2 g钙指示剂溶于100 mL水中
镁试剂	0.007	0.001 g对硝基偶氮间苯二酚溶于100 mL 2 mol/L NaOH中
铝试剂	1	1 g铝试剂溶于1 L水中
二苯硫腙	0.01	10 mg二苯硫腙溶于100 mL CCl_4中
丁二酮肟	1	1 g丁二酮肟溶于100 mL 95%乙醇中
醋酸铀酰锌	—	①10 g $UO_2(Ac)_2 \cdot 2H_2O$和6 mL 6 mol/L HAc溶于50 mL水中;②30 g $Zn(Ac)_2 \cdot 2H_2O$和3 mL 6 mol/L HCl溶于50 mL水中。将①、②两种溶液混合,24 h后取清液使用
二苯碳酰二肼	0.04	0.04 g二苯碳酰二肼溶于20 mL 95%乙醇中,边搅拌,边加入80 mL (1:9)H_2SO_4,存于冰箱中可用一个月
六亚硝酸合钴(Ⅲ)酸钠盐	—	$Na_3[Co(NO_2)_6]$和NaAc各20 g溶解于20 mL冰醋酸和80 mL水的混合溶液中,储于棕色瓶中备用(久置溶液,颜色由棕变红即失效)
$NH_3 \cdot H_2O$—NH_4Cl缓冲溶液	pH=10.0	称取20.00 g NH_4Cl(s)溶于适量水中,加入100.00 mL浓氨水(密度0.9 g/mL)混合后稀释至1 L即为pH = 10.0的缓冲溶液
邻苯二甲酸氢钾—氢氧化钠缓冲溶液	pH=4.0	量取0.200 mol/L邻苯二甲酸氢钾溶液250.00 mL,0.100 mol/L氢氧化钠溶液4.00 mL,混合后稀释至1 L,即为pH = 4.00的缓冲溶液

续表

试剂名称	浓度/($mol \cdot L^{-1}$)	配制方法
亚硝酰铁氰化钠	3 %	称取 3 g $Na_2[Fe(CN)_5NO] \cdot 2H_2O$ 溶于 100 mL 水中
淀粉溶液	0.5%	称取易溶淀粉 1 g 和 $HgCl_2$ 5 mg(作防腐剂)置于烧杯中,加水少许调成薄浆,然后倾入 200 mL 沸水中
奈斯勒试剂		称取 115 g HgI_2 和 80 g KI 溶于足量的水中,稀释至 500 mL,然后加入 500 mL 6 mol/L NaOH 溶液,静置后取其清液保存于棕色瓶中

附录 8　常用缓冲溶液的 pH 值

缓冲溶液	常用 pH 值	pH 有效范围
盐酸-邻苯二甲酸氢钾[$HCl\text{-}C_6H_4(COO)_2HK$]	3.1	2.2~4.0
柠檬酸-氢氧化钠[$C_3H_5(COOH)_3\text{-}NaOH$]	2.9,4.1,5.8	2.2~6.5
甲酸-氢氧化钠[HCOOH-NaOH]	3.8	2.8~4.6
醋酸-醋酸钠[$CH_3COOH\text{-}CH_3COONa$]	4.8	3.6~5.6
邻苯二甲酸氢钾-氢氧化钾[$C_6H_4(COO)_2HK\text{-}KOH$]	5.4	4.0~6.2
琥珀酸氢钠-琥珀酸钠	5.5	4.8~6.3
柠檬酸氢二钠-氢氧化钠[$C_3H_4(COO)_3HNa_2\text{-}NaOH$]	5.8	5.0~6.3
磷酸二氢钾-氢氧化钠[$KH_2PO_4\text{-}NaOH$]	7.2	5.8~8.0
磷酸二氢钾-硼砂[$KH_2PO_4\text{-}Na_2B_4O_7$]	7.2	5.8~9.2
磷酸二氢钾-磷酸氢二钾[$KH_2PO_4\text{-}K_2HPO_4$]	7.2	5.9~8.0
硼酸-硼砂[$H_3BO_3\text{-}Na_2B_4O_7$]	9.2	7.2~9.2
硼酸-氢氧化钠[$H_3BO_3\text{-}NaOH$]	9.2	8.0~10.0
氯化铵-氨水[$NH_4Cl\text{-}NH_3 \cdot H_2O$]	9.3	8.3~10.3
碳酸氢钠-碳酸钠[$NaHCO_3\text{-}Na_2CO_3$]	10.3	9.2~11.0
磷酸氢二钠-氢氧化钠[$Na_2HPO_4\text{-}NaOH$]	12.4	11.0~12.0

附录 9　难溶化合物的溶度积

(18~25 ℃,I=0)

序号	分子式	K_{sp}	pK_{sp}	序号	分子式	K_{sp}	pK_{sp}
1	Ag_3AsO_4	1.0×10^{-22}	22.0	5	AgCN	1.2×10^{-16}	15.92
2	AgBr	5.0×10^{-13}	12.3	6	Ag_2CO_3	8.1×10^{-12}	11.09
3	$AgBrO_3$	5.50×10^{-5}	4.26	7	$Ag_2C_2O_4$	3.5×10^{-11}	10.46
4	AgCl	1.8×10^{-10}	9.75	8	$Ag_2Cr_2O_4$	1.2×10^{-12}	11.92

续表

序号	分子式	K_{sp}	pK_{sp}	序号	分子式	K_{sp}	pK_{sp}
9	$Ag_2Cr_2O_7$	2.0×10^{-7}	6.70	40	$BiAsO_4$	4.4×10^{-10}	9.36
10	AgI	8.3×10^{-17}	16.08	41	$Bi_2(C_2O_4)_3$	3.98×10^{-36}	35.4
11	$AgIO_3$	3.1×10^{-8}	7.51	42	$Bi(OH)_3$	4.0×10^{-31}	30.4
12	$AgOH$	2.0×10^{-8}	7.71	43	$BiPO_4$	1.26×10^{-23}	22.9
13	Ag_2MoO_4	2.8×10^{-12}	11.55	44	$CaCO_3$	2.8×10^{-9}	8.54
14	Ag_3PO_4	1.4×10^{-16}	15.84	45	$CaC_2O_4\cdot H_2O$	4.0×10^{-9}	8.4
15	Ag_2S	6.3×10^{-50}	49.2	46	CaF_2	2.7×10^{-11}	10.57
16	$AgSCN$	1.0×10^{-12}	12.00	47	$CaMoO_4$	4.17×10^{-8}	7.38
17	Ag_2SO_3	1.5×10^{-14}	13.82	48	$Ca(OH)_2$	5.5×10^{-6}	5.26
18	Ag_2SO_4	1.4×10^{-5}	4.84	49	$Ca_3(PO_4)_2$	2.0×10^{-29}	28.70
19	Ag_2Se	2.0×10^{-64}	63.7	50	$CaSO_4$	3.16×10^{-7}	5.04
20	Ag_2SeO_3	1.0×10^{-15}	15.00	51	$CaSiO_3$	2.5×10^{-8}	7.60
21	Ag_2SeO_4	5.7×10^{-8}	7.25	52	$CaWO_4$	8.7×10^{-9}	8.06
22	$AgVO_3$	5.0×10^{-7}	6.3	53	$CdCO_3$	5.2×10^{-12}	11.28
23	Ag_2WO_4	5.5×10^{-12}	11.26	54	$CdC_2O_4\cdot 3H_2O$	9.1×10^{-8}	7.04
24	$Al(OH)_3$	4.57×10^{-33}	32.34	55	$Cd_3(PO_4)_2$	2.5×10^{-33}	32.6
25	$AlPO_4$	6.3×10^{-19}	18.24	56	CdS	8.0×10^{-27}	26.1
26	Al_2S_3	2.0×10^{-7}	6.7	57	$CdSe$	6.31×10^{-36}	35.2
27	$Au(OH)_3$	5.5×10^{-46}	45.26	58	$CdSeO_3$	1.3×10^{-9}	8.89
28	$AuCl_3$	3.2×10^{-25}	24.5	59	CeF_3	8.0×10^{-16}	15.1
29	AuI_3	1.0×10^{-46}	46.0	60	$CePO_4$	1.0×10^{-23}	23.0
30	$Ba_3(AsO_4)_2$	8.0×10^{-51}	50.1	61	$Co_3(AsO_4)_2$	7.6×10^{-29}	28.12
31	$BaCO_3$	5.1×10^{-9}	8.29	62	$CoCO_3$	1.4×10^{-13}	12.84
32	BaC_2O_4	1.6×10^{-7}	6.79	63	CoC_2O_4	6.3×10^{-8}	7.2
33	$BaCrO_4$	1.2×10^{-10}	9.93		$Co(OH)_2$（蓝）	6.31×10^{-15}	14.2
34	$Ba_3(PO_4)_2$	3.4×10^{-23}	22.44	64	$Co(OH)_2$（粉红,新沉淀）	1.58×10^{-15}	14.8
35	$BaSO_4$	1.1×10^{-10}	9.96				
36	BaS_2O_3	1.6×10^{-5}	4.79		$Co(OH)_2$（粉红,陈化）	2.00×10^{-16}	15.7
37	$BaSeO_3$	2.7×10^{-7}	6.57	65	$CoHPO_4$	2.0×10^{-7}	6.7
38	$BaSeO_4$	3.5×10^{-8}	7.46	66	$Co_3(PO_4)_3$	2.0×10^{-35}	34.7
39	$Be(OH)_2$	1.6×10^{-22}	21.8	67	$CrAsO_4$	7.7×10^{-21}	20.11

续表

序号	分子式	K_{sp}	pK_{sp}	序号	分子式	K_{sp}	pK_{sp}
68	$Cr(OH)_3$	6.3×10^{-31}	30.2	98	Hg_2CrO_4	2.0×10^{-9}	8.06
69	$CrPO_4\cdot4H_2O$(绿)	2.4×10^{-23}	22.62	99	Hg_2I_2	4.5×10^{-29}	28.35
	$CrPO_4\cdot4H_2O$(紫)	1.0×10^{-17}	17	100	HgI_2	2.82×10^{-29}	28.55
70	CuBr	5.3×10^{-9}	8.28	101	$Hg_2(IO_3)_2$	2.0×10^{-14}	13.71
71	CuCl	1.2×10^{-6}	5.92	102	$Hg_2(OH)_2$	2.0×10^{-24}	23.7
72	CuCN	3.2×10^{-20}	19.49	103	HgSe	1.0×10^{-59}	59.8
73	$CuCO_3$	2.34×10^{-10}	9.63	104	HgS(红)	4.0×10^{-53}	52.4
74	CuI	1.1×10^{-12}	11.96	105	HgS(黑)	1.6×10^{-52}	51.8
75	$Cu(OH)_2$	4.8×10^{-20}	19.32	106	Hg_2WO_4	1.1×10^{-17}	16.96
76	$Cu_3(PO_4)_2$	1.3×10^{-37}	36.9	107	$Ho(OH)_3$	5.0×10^{-23}	22.3
77	Cu_2S	2.5×10^{-48}	47.6	108	$In(OH)_3$	1.3×10^{-37}	36.9
78	Cu_2Se	1.58×10^{-61}	60.8	109	$InPO_4$	2.3×10^{-22}	21.62
79	CuS	6.3×10^{-36}	35.2	110	In_2S_3	5.7×10^{-74}	73.24
80	CuSe	7.94×10^{-49}	48.1	111	$La_2(CO_3)_3$	3.98×10^{-34}	33.6
81	$Dy(OH)_3$	1.4×10^{-22}	21.85	112	$LaPO_4$	3.98×10^{-23}	22.43
82	$Er(OH)_3$	4.1×10^{-24}	23.39	113	$Lu(OH)_3$	1.9×10^{-24}	23.72
83	$Eu(OH)_3$	8.9×10^{-24}	23.05	114	$Mg_3(AsO_4)_2$	2.1×10^{-20}	19.68
84	$FeAsO_4$	5.7×10^{-21}	20.24	115	$MgCO_3$	3.5×10^{-8}	6.7
85	$FeCO_3$	3.2×10^{-11}	10.50	116	$MgCO_3\cdot3H_2O$	2.14×10^{-5}	4.67
86	$Fe(OH)_2$	8.0×10^{-16}	15.1	117	$Mg(OH)_2$	1.8×10^{-11}	10.9
87	$Fe(OH)_3$	4.0×10^{-38}	37.4	118	$Mg_3(PO_4)_2\cdot8H_2O$	6.31×10^{-26}	25.20
88	$FePO_4$	1.3×10^{-22}	21.89	119	$Mn_3(AsO_4)_2$	1.9×10^{-29}	28.72
89	FeS	6.3×10^{-18}	17.2	120	$MnCO_3$	1.8×10^{-11}	10.74
90	$Ga(OH)_3$	7.0×10^{-36}	35.15	121	$Mn(IO_3)_2$	4.37×10^{-7}	7.36
91	$GaPO_4$	1.0×10^{-21}	21.0	122	$Mn(OH)_2$	1.9×10^{-13}	12.72
92	$Gd(OH)_3$	1.8×10^{-23}	22.74	123	MnS(粉红)	2.5×10^{-10}	9.6
93	$Hf(OH)_4$	4.0×10^{-26}	25.4	124	MnS(绿)	2.5×10^{-13}	12.6
94	Hg_2Br_2	5.6×10^{-23}	22.24	125	$Ni_3(AsO_4)_2$	3.1×10^{-26}	25.51
95	HgC_2O_4	1.0×10^{-7}	7.0	126	$NiCO_3$	6.6×10^{-9}	8.18
96	Hg_2CO_3	8.9×10^{-17}	16.05	127	NiC_2O_4	4.0×10^{-10}	9.4
97	$Hg_2(CN)_2$	5.0×10^{-40}	39.3	128	$Ni(OH)_2$(新)	2.0×10^{-15}	14.7

续表

序号	分子式	K_{sp}	pK_{sp}	序号	分子式	K_{sp}	pK_{sp}
129	$Ni_3(PO_4)_2$	5.0×10^{-31}	30.3	160	$Sc(OH)_3$	8.0×10^{-31}	30.1
130	α-NiS	3.2×10^{-19}	18.5	161	$Sm(OH)_3$	8.2×10^{-23}	22.08
131	β-NiS	1.0×10^{-24}	24.0	162	$Sn(OH)_2$	1.4×10^{-28}	27.85
132	γ-NiS	2.0×10^{-26}	25.7	163	$Sn(OH)_4$	1.0×10^{-56}	56.0
133	$Pb_3(AsO_4)_2$	4.0×10^{-36}	35.39	164	SnO_2	3.98×10^{-65}	64.4
134	$PbBr_2$	4.0×10^{-5}	4.41	165	SnS	1.0×10^{-25}	25.0
135	$PbCl_2$	1.6×10^{-5}	4.79	166	SnSe	3.98×10^{-39}	38.4
136	$PbCO_3$	7.4×10^{-14}	13.13	167	$Sr_3(AsO_4)_2$	8.1×10^{-19}	18.09
137	$PbCrO_4$	2.8×10^{-13}	12.55	168	$SrCO_3$	1.1×10^{-10}	9.96
138	PbF_2	2.7×10^{-8}	7.57	169	$SrC_2O_4\cdot H_2O$	1.6×10^{-7}	6.80
139	$PbMoO_4$	1.0×10^{-13}	13.0	170	SrF_2	2.5×10^{-9}	8.61
140	$Pb(OH)_2$	1.2×10^{-15}	14.93	171	$Sr_3(PO_4)_2$	4.0×10^{-28}	27.39
141	$Pb(OH)_4$	3.2×10^{-66}	65.49	172	$SrSO_4$	3.2×10^{-7}	6.49
142	$Pb_3(PO_4)_3$	8.0×10^{-43}	42.10	173	$SrWO_4$	1.7×10^{-10}	9.77
143	PbS	1.0×10^{-28}	28.00	174	$Tb(OH)_3$	2.0×10^{-22}	21.7
144	$PbSO_4$	1.6×10^{-8}	7.79	175	$Te(OH)_4$	3.0×10^{-54}	53.52
145	PbSe	7.94×10^{-43}	42.1	176	$Th(C_2O_4)_2$	1.0×10^{-22}	22.0
146	$PbSeO_4$	1.4×10^{-7}	6.84	177	$Th(IO_3)_4$	2.5×10^{-15}	14.6
147	$Pd(OH)_2$	1.0×10^{-31}	31.0	178	$Th(OH)_4$	4.0×10^{-45}	44.4
148	$Pd(OH)_4$	6.3×10^{-71}	70.2	179	$Ti(OH)_3$	1.0×10^{-40}	40.0
149	PdS	2.03×10^{-58}	57.69	180	TlBr	3.4×10^{-6}	5.47
150	$Pm(OH)_3$	1.0×10^{-21}	21.0	181	TlCl	1.7×10^{-4}	3.76
151	$Pr(OH)_3$	6.8×10^{-22}	21.17	182	Tl_2CrO_4	9.77×10^{-13}	12.01
152	$Pt(OH)_2$	1.0×10^{-35}	35.0	183	TlI	6.5×10^{-8}	7.19
153	$Pu(OH)_3$	2.0×10^{-20}	19.7	184	TlN_3	2.2×10^{-4}	3.66
154	$Pu(OH)_4$	1.0×10^{-55}	55.0	185	Tl_2S	5.0×10^{-21}	20.3
155	$RaSO_4$	4.2×10^{-11}	10.37	186	$TlSeO_3$	2.0×10^{-39}	38.7
156	$Rh(OH)_3$	1.0×10^{-23}	23.0	187	$UO_2(OH)_2$	1.1×10^{-22}	21.95
157	$Ru(OH)_3$	1.0×10^{-36}	36.0	188	$VO(OH)_2$	5.9×10^{-23}	22.13
158	Sb_2S_3	1.5×10^{-93}	92.8	189	$Y(OH)_3$	8.0×10^{-23}	22.1
159	ScF_3	4.2×10^{-18}	17.37	190	$Yb(OH)_3$	3.0×10^{-24}	23.52

续表

序号	分子式	K_{sp}	pK_{sp}	序号	分子式	K_{sp}	pK_{sp}
191	$Zn_3(AsO_4)_2$	1.3×10^{-28}	27.89	195	α-ZnS	1.6×10^{-24}	23.8
192	$ZnCO_3$	1.4×10^{-11}	10.84	196	β-ZnS	2.5×10^{-22}	21.6
193	$Zn(OH)_2$	2.09×10^{-16}	15.68	197	$ZrO(OH)_2$	6.3×10^{-49}	48.2
194	$Zn_3(PO_4)_2$	9.0×10^{-33}	32.04				

附录 10 弱电解质的解离常数

（近似浓度 0.01 ~ 0.003 mol/L，温度 298 K）

名 称	化学式	解离常数	pK_a
醋酸	HAc	1.76×10^{-5}	4.75
碳酸	H_2CO_3	$K_1=4.30\times10^{-7}$	6.37
		$K_2=5.61\times10^{-11}$	10.25
草酸	$H_2C_2O_4$	$K_1=5.90\times10^{-2}$	1.23
		$K_2=6.40\times10^{-5}$	4.19
亚硝酸	HNO_2	4.6×10^{-4}(285.5 K)	3.37
磷酸	H_3PO_4	$K_1=7.52\times10^{-3}$	2.12
		$K_2=6.23\times10^{-8}$	7.21
		$K_3=2.2\times10^{-13}$(291 K)	12.67
亚硫酸	H_2SO_3	$K_1=1.54\times10^{-2}$(291 K)	1.81
		$K_2=1.02\times10^{-7}$	6.91
硫酸	H_2SO_4	$K_2=1.20\times10^{-2}$	1.92
硫化氢	H_2S	$K_1=9.1\times10^{-8}$(291 K)	7.04
		$K_2=1.1\times10^{-12}$	11.96
氢氰酸	HCN	4.93×10^{-10}	9.31
铬酸	H_2CrO_4	$K_1=1.8\times10^{-1}$	0.74
		$K_2=3.20\times10^{-7}$	6.49
硼酸	H_3BO_3	5.8×10^{-10}	9.24
氢氟酸	HF	3.53×10^{-4}	3.45
过氧化氢	H_2O_2	2.4×10^{-12}	11.62
次氯酸	HClO	2.95×10^{-5}(291 K)	4.53
次溴酸	HBrO	2.06×10^{-9}	8.69
次碘酸	HIO	2.3×10^{-11}	10.64
碘酸	HIO_3	1.69×10^{-1}	0.77

续表

名　称	化学式	解离常数	pK_a
砷酸	H_3AsO_4	$K_1=5.62\times10^{-30}$(291 K)	2.25
		$K_2=11.70\times10^{-7}$	6.77
		$K_3=3.95\times10^{-12}$	11.40
亚砷酸	$HAsO_2$	6×10^{-10}	9.22
铵离子	NH_4^+	5.56×10^{-10}	9.25
氨水	$NH_3\cdot H_2O$	1.79×10^{-5}	4.75
联胺	N_2H_4	8.91×10^{-7}	6.05
羟氨	NH_2OH	9.12×10^{-9}	8.04
氢氧化铅	$Pb(OH)_2$	9.6×10^{-4}	3.02
氢氧化锂	LiOH	6.31×10^{-1}	0.2
氢氧化铍	$Be(OH)_2$	1.78×10^{-6}	5.75
	$BeOH^+$	2.51×10^{-9}	8.6
氢氧化铝	$Al(OH)_3$	5.0×10^{-9}	8.3
	$Al(OH)_2^+$	1.99×10^{-10}	9.7
氢氧化锌	$Zn(OH)_2$	7.94×10^{-7}	6.1
氢氧化镉	$Cd(OH)_2$	5.01×10^{-11}	10.3
乙二胺	$H_2NC_2H_4NH_2$	$K_1=8.5\times10^{-5}$	4.07
		$K_2=7.1\times10^{-8}$	7.15
六次甲基四胺	$(CH_2)_6N_4$	1.35×10^{-9}	8.87
尿素	$CO(NH_2)_2$	1.3×10^{-14}	13.89
质子化六亚甲基四胺	$(CH_2)_6N_4H^+$	7.1×10^{-6}	5.15
甲酸	HCOOH	1.77×10^{-4}(293 K)	3.75
氯乙酸	$ClCH_2COOH$	1.40×10^{-3}	2.85
氨基乙酸	NH_2CH_2COOH	1.67×10^{-10}	9.78
邻苯二甲酸	$C_6H_4(COOH)_2$	$K_1=1.12\times10^{-3}$	2.95
		$K_2=3.91\times10^{-6}$	5.41
柠檬酸	$(HOOCCH_2)_2C(OH)COOH$	$K_1=7.1\times10^{-4}$	3.14
		$K_2=1.68\times10^{-5}$(293 K)	4.77
		$K_3=4.1\times10^{-7}$	6.39

续表

名　称	化学式	解离常数	pK_a
α-酒石酸	$(CHOHCOOH)_2$	$K_1=1.04\times10^{-3}$	2.98
		$K_2=4.55\times10^{-5}$	4.34
8-羟基喹啉	C_9H_6NOH	$K_1=8\times10^{-6}$	5.1
		$K_2=1\times10^{-9}$	9.0
苯酚	C_6H_5OH	1.28×10^{-10}(293 K)	9.89
对氨基苯磺酸	$H_2NC_6H_4SO_3H$	$K_1=2.6\times10^{-1}$	0.58
		$K_2=7.6\times10^{-4}$	3.12
乙二胺四乙酸(EDTA)	$(CH_2COOH)_2NH^+CH_2CH_2NH^+(CH_2COOH)_2$	$K_5=5.4\times10^{-7}$	6.27
		$K_6=1.12\times10^{-11}$	10.95

参考文献

[1] 韩选利. 无机化学实验[M]. 北京:高等教育出版社,2014.

[2] 黄薇. 综合化学实验[M]. 北京:化学工业出版社,2018.

[3] 陈静,石晓波. 化学综合设计实验[M]. 北京:化学工业出版社,2012.

[4] 罗威,许为. 以贝壳为钙源一次煅烧法制取柠檬酸钙的研究[J]. 化工之友,2007,8(15):21-22.

[5] 刘爱文,陈忻,吴瑞芳. 用毛蛤壳制备柠檬酸钙、丙酸钙的研究[J]. 应用科技,2001,28(11):56-58.

[6] 大连理工大学无机化学教研室. 无机化学[M]. 5 版. 北京:高等教育出版社,2006.

[7] 周宁怀. 微型无机化学实验[M]. 北京:科学出版社,2000.

[8] 北京师范大学无机化学教研室,等. 无机化学实验[M]. 3 版. 北京:高等教育出版社,2001.

[9] 大连理工大学,苏显云,等. 大学普通化学实验[M]. 北京:高等教育出版社,2001.

[10] 化学工业出版社. 中国化工产品大全(上卷)[M]. 4 版. 北京:化学工业出版社,2012.

[11] 杭州大学化学系分析教研室. 分析化学手册(第二分册 · 化学分析)[M]. 2 版. 北京:化学工业出版社,2003.

[12] 浙江大学,华东理工大学,四川大学. 新编大学化学实验[M]. 北京:高等教育出版社,2002.

[13] 李泽全,余丹梅. 大学化学实验[M]. 北京:科学出版社,2017.

[14] 马育. 基础化学实验[M]. 2 版. 北京:化学工业出版社,2014.